U0181049

文
景

Horizon

社科新知 文艺新潮

贾冬婷 编著

上海人民出版社

我们相信：人，是城市的目的与尺度。

我们希望：城市，让生活更美好。

‣火的发现，人猿揖别。农业被发明，人类自身的再生产，超越竞争物种。于是，城邦出现，国家诞生，文明生长。农村与城市，在漫长的历史里，构造了人类生存、生活与发展的双重空间。它们在各自成长，也在缓慢地彼此替代。进入21世纪，全世界的城市化率，尤其中国的城镇化率超过50%，新时代来临。‣这个时刻，需要认真而诚恳地审视我们的生存空间，重新理解城市。未来，更美好的城市，诞生于现在，决定于选择。

我们倡导：

人文 ——我们的城市应当更关心人。

创新 ——我们需要以创新的方式来应对这个更为复杂时代的挑战，达成环境友好、经济繁荣与社会公正。

公共 ——我们追求公共生活的舒适性和完整性，激发大众参与，满足人们生活的尊严、平等与价值感。

美学 ——我们唤起文化想象力，促进审美意识与美的城市，在互动中达成共识，共同成长。

‣城乡结构之变，城市作为核心性栖居之地，有更多的意味。‣物理性的建筑体在增长，技术与计算与之相互镶嵌，数据的城市在更迅速地到来。钢筋水泥、摩天高楼之后，数字黑洞更可能将人吞没，我们必须强调人文的城市，以平衡物理的、数据的城市。‣互联网的出现，新型传播介质使得人与建筑、人与城市，由强关联变为弱关系。曾经的绝对实体世界，经由图像化转换、极度自传播以及这个过程中的权力重构，平等并置的虚拟世界正在生成之中，我们必须更有耐心创造与定义这个时代城市的人文。‣城市在演进，世界图景也在改变。‣城市在快速发展、个性塑造过程中，过去的先进与落后、西方与东方，简单的二元对立之下的单向度传承，正在被多元化的相互借鉴与交融代替。人类从来没有像现在这样，命运可以真正形成共同体。这是我们理解人文城市的前提。‣未来城市，我们期待：以人为本，四海一家。

李鸿谷

目录

(E05)↔(p.229)

超级文和友
所处的位置是
原长沙市中心
最老的社区，
每到晚间
排队的热闹景象
使超级文和友
现在已经变成了
景点……
有了这么多游客
之后，又有了另外的
身份，在这种
人流基础上，
需要再去给更多的
空间做改造
和升级。

PHOTO by 晟龙

孤独图书馆火了之后，
让我更加意识到人们对空间的
精神需求已经非常之高了，
而这恰恰是阿那亚这个
“非刚需”的产品所要创造
出来的。

(C02)↔(p. 207)

PHOTO by 在野造物所

北秦皇岛

(E03)↔(p. 224)

江西
景德镇

PHOTO by UCN供图

我们一开始设计的传统陶瓷卖场现在成了直播基地，陶溪川旗舰店在电商平台上线，陶溪川春秋大集在全国都有了号召力。城市更新不能脱离产业与就业环境的改善…… 在这个场景里，物质的空间、功能的运转、活动的人，变成了一台“戏”。

(C03)↔(p. 209)

广东深

PHOTO by 趣城工作室

圳

多年来人们常用“文化沙漠”来形容深圳，但我们却认为它是一片文化雨林。……每一个区域的生活现场都像是一条川流不息的小溪，并非一直不停地向前奔腾，在一些小小的水湾处，会形成一些溪流汇聚点，如同“生活现场气泡”。

PHOTO by 一勺景观

上海

(D05)↔(p. 220)

我们在城市里长大，觉得城市是人最伟大的发明。热爱城市，也是因为我们热爱自然，只有城市做得更好，自然才能保留下来。油罐有丰富的艺术展览形态，三个展览空间一个偏装置艺术、一个偏传统的架上艺术、一个偏表演型的艺术，而最终不只是一个艺术中心，还有更小型的独立画廊，商业与艺术相辅相成。也有咖啡厅、餐厅、酒吧等等的运营服务空间。我们相信，时间会让这里的多元性慢慢生长，慢慢变得羽翼丰满，实现人、植物、鸟、昆虫的共生。

(p.235)

四川 成都

在春天来到成都是幸运的。
从初春到暮春，城市处处繁花似锦，
又在交替变换。…… 人类热爱
自然是天性。…… 2018年，是成都
开启公园城市建设的元年。如今
漫步在成都，有如徜徉在一个
巨型的公园当中。这不仅得益于
沿街的行道树和绿化小品，还有
从城市核心区到郊野，分布着的
大大小小1000多个公园。……
城市与公园已然融合为整体。
人们在水泥丛林里待得厌倦了，
走上几步就能置身于一个绿意盎然的
空间，被虫鸣鸟叫所环绕。

PHOTO by 蔡小川

PHOTO by 白羽

(Ⅱ)↔(p.44)

广东

第一次来沙井，古墟的原生态让他们震惊，他们觉得应该用尽量轻微的方式，制造一个观看系统，而不破坏里面原有的生活方式。真正进入后发现，微更新的过程还是很痛苦，实际上是多方的价值冲突，包括政府、开发商、当地村民，还有租户，利益目标都不一样。但通过这个过程，也真正看到了村庄底层紧实的社会关系，让微改造在多方冲突之中实现了一种平衡。

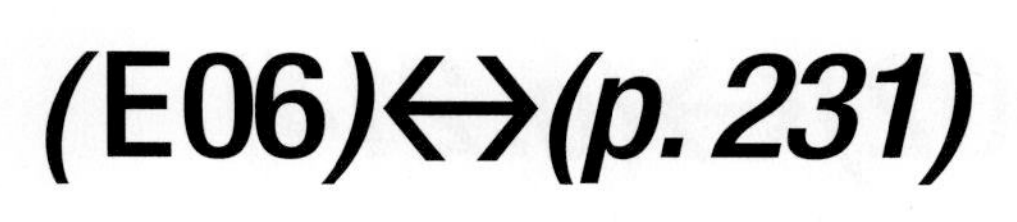
(E06)↔(p. 231)

北京

PHOTO by 都市实践

(D02)↔(p.214)

甘肃庆阳

PHOTO by 土上建筑工作室

PHOTO by 夏至

(D04)↔(p. 218)

安徽芜湖

如果是一个正儿
八经的房子，也许
村民就会绕着走，
觉得这是村里一个
高级的展厅，
但竹篷是一个
半户外的场所，
平时村民干完活
串门的时候从
这边抄近道，各个
方向都是连通的……
一个乡村里，无论是
激活空间，还是
未来产业发展，
都是多方力量结合
的长期过程。……
在尚村，我们希望
靠村民自己的力量
如合作社、亲友或
返乡村民的回馈，
慢慢地进入商业
社会的体系里，
让这个村子更长效
地运作起来。

湖南常德

PHOTO by 蔡小川

(C01)↔(p. 95)

老西门是棚户区改造后拥有的新名字…… 何勍与曲雷还是向甲方贡献了一个特别的方案。在这个方案中，保障居民的回迁依然是要解决的核心问题。

(D03)↔(p. 216)

浙江

丽水

PHOTO by 徐甜甜

PHOTO by 蔡小川

蓬皮杜中心
五年展陈合作项目
Centre Pompidou ×
West Bund Museum Project
2019-2024
11.08
2021
05.09
WEST BUND
www.wbmshanghai.com

(Ⅱ)↔(p.44)

上海

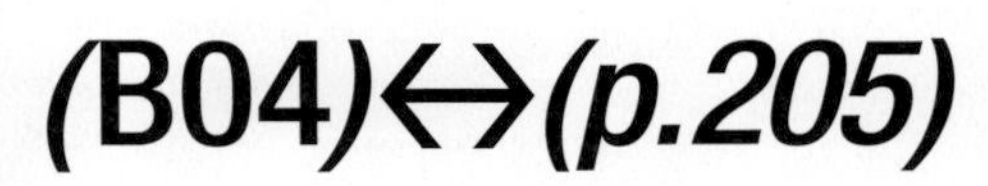
(B04)↔(p.205)

广西桂林

PHOTO by 苏圣亮

一品美味素鸡
8元/斤
支持环保，请自备塑料购物袋。
环保塑料购物袋 0.2 元/个。

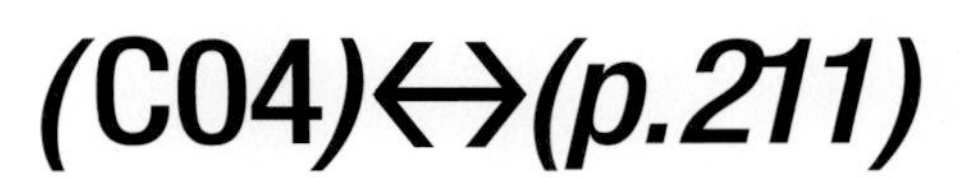
(C04)↔(p.211)

广东广州

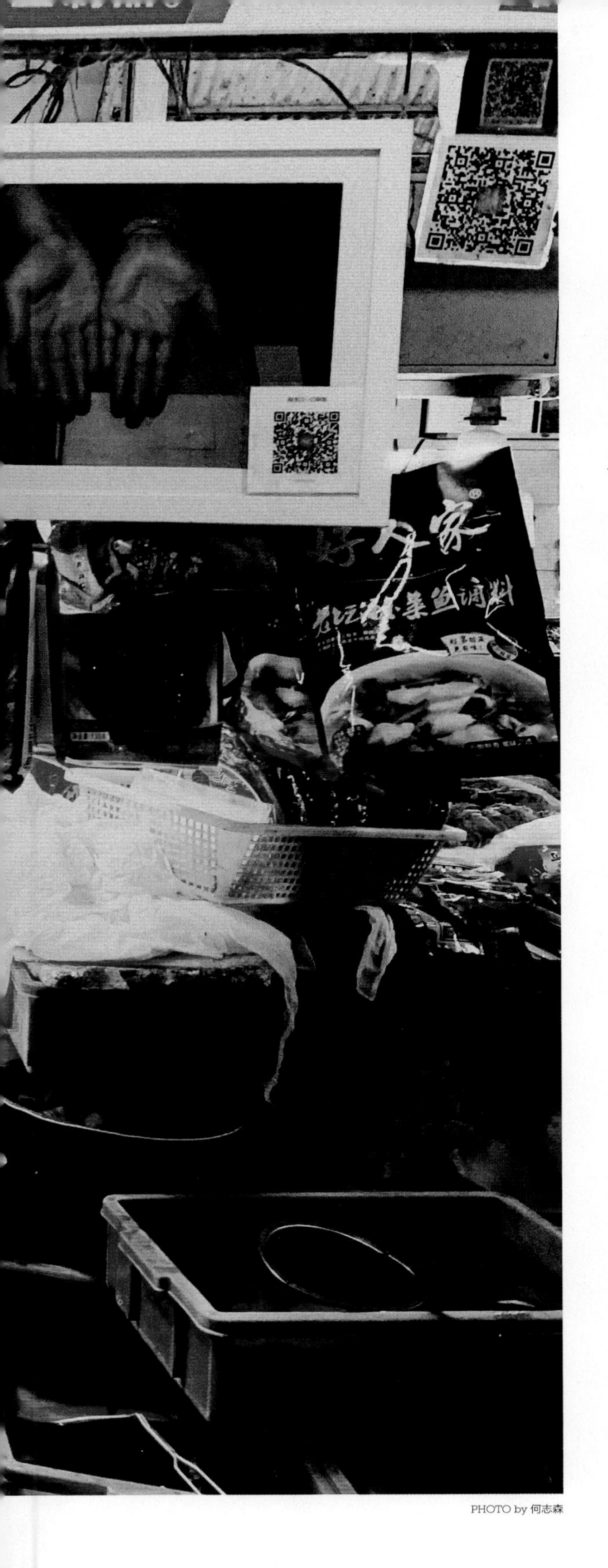

PHOTO by 何志森

I

重塑城市的权利

II

从物的城市到
人的城市：空间生产之变

III

全球最好的城市会不会
“MADE IN CHINA”？

重塑城市的权利

贾冬婷

深圳文和友第一天开业，取号就超过4万。人们在烈日下排队几小时，就为了看一眼老街景，吃一口小龙虾？

一个“最孤独图书馆”的标签，如何让文艺青年驱车几小时跑到秦皇岛非黄金海岸拍照打卡，造就了独特的阿那亚现象？

从一块城市中心的伤疤，深圳城中村如何和城市相伴生长，成为社会和经济问题的另一个出口？

黄浦江沿岸曾是上海光鲜外衣拉链下不可示人的暗面，它经历了什么转折，一跃成为城市稀缺景观，甚至是新的文化和艺术策源地？

这些看似不可思议的现象，正在中国各大城市上演着，复制着。我们如何去理解，如何去评价？

2020年年初，《三联生活周刊》决定启动人文城市奖的评选，搭建一个应对当下的建筑/城市评价体系。正如终审团主席、非常建筑创始人张永和所说，“我们是把这个奖发给正在发生的事情，发给今天中国城市里的建筑”。

在经历了30年城市化的高速发展之后，中国拥有全球最丰富、最新鲜的实践案例，也面临最突出的矛盾和问题。建筑与城市早已前所未有地裹挟在一起了。一座理想城市，不仅仅是标志性建筑的容器，更是一个丰富性和复杂性的“生态”系统。

另一方面，“人”的缺位是此前城市化进程中最突出的问题。而这个“人”是复数的，是多种利益相关者构成的。从现状来看，除了建筑师、政府、开发商，尤其缺乏使用者的参与。

意识到“人文城市”缺失的同时，我们也看到改变的契机。无论是超级文和友、阿那亚、深圳城中村，还是上海滨江，这些新模式的涌现，背后都是城市化转型下的空间生产变化。2020年1月17日，国家统计局发布的数据显示，我国整体城镇化率为60.60%，首次突破了60%的拐点。从欧美国家的城市化发展进程来看，在这一拐点之后，高歌猛进的城市化将逐渐放缓，将从大规模扩张的增量时代，过渡到以城市更新为主的存量时代。运转几十年的土地财政逻辑已经不可持续，走向人文是大势所趋。

一个人文视角切入的城市奖，是根植于《三联生活周刊》基因中的。人是目的，也是尺度，是我们的价值观和方法论。我们希望以大众媒体视角的评奖，去重建人与人的联结、人与城市的联结。

人文城市奖启动之时，正值新冠疫情肆虐，这也如同一场大型社会实验，让我们停下来思考在一切看似坚不可摧的秩序都改变之后，还剩下什么不能舍弃的价值。我们都意识到人与人相聚、面对面交往的价值，这原本也是城市的本源价值之一。也因此，我们决定将第一届三联人文城市奖的主题设定为“重建联结”。

根据人与场所、人与建筑、人与社区、人与自然、人与城市活力这五个维度上的关系，以人文、创新、公共、美学为评价标准，三联人文城市奖设置了五个子奖项，分别是公共空间奖、建筑设计奖、社区营造奖、生态贡献奖、城市创新奖。

2020年6月，三联人文城市奖组委会邀请到由28位城市、建筑及人文三大领域权威人士组成的提名团，10位建筑界权威专家组成的评审团，以及7位建筑及文化界权威专家组成的终审团。

8月底，人文城市奖提名结果产生，28位提名人从2017年至今的中国境内项目中，提交了共计115个有效提名。9月中旬，经10位评审投票，产生了每个子奖项的5个、共计26个入围项目。9月底至11月，终审评委对全部入围项目进行实地考察。11月27日，7位终审评委投票，选出每个子奖项的一名优胜奖。

在兼顾多元性、专业性、传播性的组织体系之外，有两点规则是三联人文城市奖格外坚持的。一是身体性。我们注意到，人与建筑的关系正在发生深刻的变化。一张张手机自拍所选择的背景建筑脱颖而出，成为网红，在巨大的自传播流量里，建筑与城市被图像强化，而人与空间的关系却在弱化。三联人文城市奖组委会主席、《三联生活周刊》主编李鸿谷认为，我们是媒体，深知传播之力量，但是建筑和城市都是为人而存在，我们的终审环节，必须实地与那些城市空间面对面，让身体去感受、去选择。按照规则，26个入围项目，每个必须有2个以上的终审评委实地考察过；7个终审评委，每人必须实地看过5个以上的入围项目。在经过第一届人文城市奖架构共创人、清华大学建筑学院副教授周榕戏称“严苛到变态”的26个项目实地考察之后，也收获了不同寻常的空间体验。

二是公正性。为保证奖项的公平公正，组委会聘请了普华永道作为指定独立计票机构，也因此实现了在颁奖典礼上普华永道手上的信封打开之前，谁也不知道结果的承诺。而公正性，当然是一个奖项得以权威和长久的基石。

在将近半年的评选过程中，三联人文城市奖组委会收获了丰富多元的建筑/城市项目。有大城市的公共空间重塑，也有偏远乡村的建筑及艺术介入；有与历史文脉对话的文化场馆，也有探索年轻人共享生活方式的新型社区；有将大地景观与工业遗存结合的场所更新，也有对传统营建技术的当代应用；有物理空间改造，也有城市事件营造。

2021年4月8日，第一届三联人文城市奖颁奖典礼在成都举行，最终优胜者揭晓：上海社区花园系列公众参与公共空间更新实验获得社区营造奖，“绿之丘”——上海烟草公司机修仓库更新改造获得生态贡献奖，常德老西门棚户区城市更新获得城市创新奖，连州摄影博物馆获得建筑设计奖，成都西村大院获得公共空间奖。

从这些多元的提名、入围和获奖项目中，可以窥见人文城市的未来趋势：

参差多态是世界的本源，一座好的城市也一定是丰富和复杂的。那些在一刀切式的大拆大建中被损毁抹平的部分，被期待在新一轮城市更新中找回来。比如获得公共空间奖的西村大院，就是一个复杂性和多样性特别高的项目。评审意见认为，它体现了“超级体量和超级院落的大尺度恢宏写意，与多样化城市内容、多层次公共场域、多线程社会生活的细致经营形成复杂的对比、交织”。还有城市创新奖优胜项目常德老西门改造，建筑师用了7年时间，面对多类型、多样态、多层级的建筑、公共空间、景观设施及公共艺术品的几重挑战，实现了对原有1600户棚户区居民原拆原建、水系疏贯整治、打造全新商业生态等复杂功能，更难得的是，多样性的城市生态在其中杂而不乱，自由生长。

参与主体愈加多元化。建筑师不再是绝对主体，业主、政府以及城市居民也深度参与进来。比如在连州摄影博物馆项目中，馆长段煜婷将国际摄影节引进并深耕小城12年，奠定了博物馆的精神气质，是空间改造不可或缺的主体之一。另一个典型案例是上海社区花园系列公共参与实验，设计师以看似无比纤弱的改造手段，撬动城市荒废的剩余边角空间，却改变了几百个社区。设计师与其说是社区空间的营造者，不如说是社群共建的推动者，最终以一种“四两拨千斤”的方式，联结了人和自然，也联结了人与人。所以主创设计师、同济大学建筑与城市规划学院刘悦来老师才有信心说，他们的目标是在上海建设2040个社区花园，汇聚成一片绿色的网络。

重寻空间里的时间性。人文城市奖评审、普利兹克奖获得者王澍说，这几十年中国城市发生了翻天覆地的变化，改变的同时，也把成百上千年积累起来的时间性痕迹快速抹除了。在成片拆毁之后，现代建筑师成了典型的用“无时”（timeless）概念进行工作的群体，用一种抽象的概念，构建所谓的空间。王澍认为，只有去真实的、日常的生活空间里寻找，才能找回时间性。在建筑设计奖获奖项目连州摄影博物馆中，我们看到了这种努力。或许因为博物馆项目源于一个在本地扎根12年的摄影节，空间脱胎于一个老城里的旧果品仓库，它不可能是一个天外来客式的白盒子博物馆。事实上，无论是面向城市开放的中庭空间，还是可以接续老城的屋顶平台，都让博物馆与周边的民居风貌和社会生活无缝衔接，既成为照耀城市的文化灯塔，也为附近居民的日常生活提供了充满活力的公共空间。

融合实体空间与虚拟空间的价值。获得生态贡献奖的“绿之丘”，原是上海烟草公司一栋被判了死刑要拆除的厂房。最终建筑师没有拆除重建，而是对楼体做了“减法”，变成阶梯状的交通廊道与公共活动的复合空间，同时也成了杨浦滨江工业区一处“网红”打卡地。虚拟空间里的放大效应，又让更多人来到这里散步、徘徊，进一步激活了实体空间。

关注可复制的配方价值。人文城市奖评审、都市实践建筑事务所创始合伙人王辉认为，如果说我们的城市是一个由许多器官构成的有机体，人文城市奖应该在价值观上更去关怀那些被单向度的城市发展忽略甚至要淘汰的器官。从结果来看，评奖在一定程度上实现了“配方奖”的目标，有一定开源性，鼓励那些能够在最普通的空间中树立起人文向度，而且作为一种方法论具有普世推广价值的项目。比如常德老西门，是在三四线城市、以棚户区改造为起点的城市更新，而连州摄影博物馆，也是在欠发达城市的传统街区，大量使用当地材料和低造价工法，创造出的深具人文关怀的建筑空间。

在第一届三联人文城市奖颁奖典礼上，我们邀请了“重塑雕像的权利”乐队出演，这被视为一个隐喻。作为一个大众媒体主导的建筑/城市评奖，重塑权利是三联人文城市奖的核心，不只对建筑师，也是对每一个城市利益相关者而言。

如同种下一颗种子，我们欣喜地看到了人文城市价值观的开启，看到利益相关群体被激发，认为三联人文城市奖在一定程度上打破了边界，而这样的壁垒是很难由内生动力去打破的。这颗种子，也被期待着继续生根发芽，去推动城市共同体的形成。

不过，深层意义上的“重塑城市的权利”更为复杂。在此前中国城市化高速发展的几十年中，政府和开发商一直拥有强势话语权，建筑师的社会理想得不到落实，慢慢缩窄到专业技术提供者的角色里，而城市居民更是长期缺位，权利的再分配也不是短期内能完成的。

政府、开发商和市民在城市运营中实际上是一种共谋关系。不同利益相关方的权利重塑，深圳的做法值得借鉴。人文城市奖提名人、深港建筑/城市双年展发起人张宇星形容，政府知道边界在哪儿，但是故意不管；市场也隐隐约约知道边界在哪儿，但是故意去触碰。双方就在这样交替的动态碰撞中，不断扩大着边界，创新空间也在这一过程中逐渐形成了。

在如今这样一个数字时代，建筑正被媒体前所未有地影响。作为大众媒体，我们一方面作为联结者，去推动各利益相关方在人文城市奖平台上的互动和碰撞，另一方面，也会有意识地去推动新的建构。正如人文城市奖提名人、南京大学建筑与城市规划学院教授鲁安东指出的，人文城市不应只是一种愉快的怀旧，处理当下比延续历史更重要。他认为，当前人类公共领域面临的一些新的议题，包括数字技术对于在城市空间中生存，带来人和城市、和他人关系的变化，以及由此带来的新的建筑类型、空间类型，新的建筑实践模式的产生。三联人文城市奖也期待着，不仅去见证这些变化，而且去支持、孵化、促进它们的发生。

从物的城市到人的城市：空间生产之变

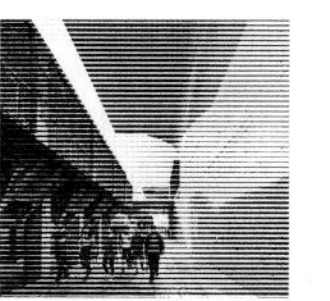

 贾冬婷

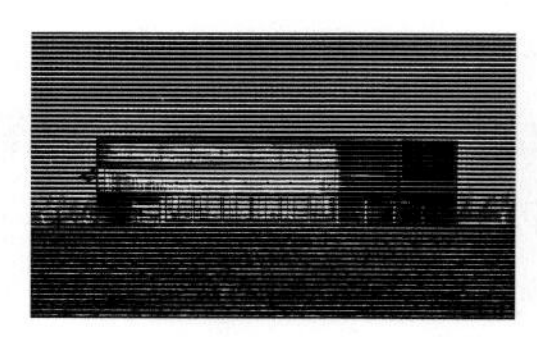

4万人排队打卡布景化小吃街，网红图书馆带动海边乌托邦，艺术策源滨江改造，城中村孕育未来城市可能性……这些不可思议的现象，放在存量时代的新空间生产逻辑下去观察，并非意外。

“种房子”不可持续了

2005年，深圳第一次举办建筑/城市双年展，时任中国城市规划设计研究院院长的李晓江抱着好奇心去看了。那一届的主题是“城市，开门”，在李晓江眼里，当时对城市的理解还很生涩，还是业界的自娱自乐。

而到了2015年的第一届上海城市空间艺术季，李晓江的印象就不同了。“一开张就轰轰烈烈，明显能感觉到社会的需求被激发出来了。后来广州和北京的设计周也开启了空间和城市的话题。从物质消费、产品消费，到精神消费、体验消费，人的消费轨迹一步步积累到这个阶段，是一个必然的过程。”

前两年李晓江参与组织了雄安新区规划的国际咨询，专门邀请了日本团队做专题研究。他给出的一个课题是：随着社会的富裕、收入的提高，居住形态到底会发生什么样的变化？是不是越住越大、越住越高级？从筒子楼到高层公寓，再到联排别墅、独栋别墅？日本研究者说，并不是这样。在不同的收入水平和文化追求之下，审美的影响会加大。后来他们在雄安新区的规划里，提出应该有城居，还有林居、湖居、田居。不只是越住越大，更是在一定阶段之后，由审美和体验上的差异来组织居住产品。

人变了，人的需求变了，倒逼空间生产逻辑的变化。李晓江指出，过去30年城镇化“上半场”的主要路径依赖是土地财政，但这条路越来越走不通了。

依赖土地财政“种房子”的问题很明显。李晓江说，20世纪90年代以后，开始搞新区，对老城不管不顾。“土地财政的第一阶段是在外围圈地，那时候土地管理不严，于是大量征用农地，建新城，建开发区，而老城大多是破破烂烂的。后来发现，其实还是城里的地最值钱，于是包括北京的二环以内、上海的内环以内，很多城市的老城开始大面积拆建，用很低的拆迁成本，获得更高的土地收益。”

到2010年前后，引发了一场关于“中国建筑寿命”的争论。李晓江回忆，当时的住建部副部长仇保兴说，中国的平均建筑寿命只有30年。“他说的30年，不是指结构的牢固度和安全性，而是为了获得更高的土地收益，很多20世纪七八十年代建的住宅，平均30年就被拆掉了。这场争论之后中央政府开始干预，规定多少年限之内的建筑不许拆。”

只管增量、不管存量的做法已经整整30年，现在到了不得不掉头的时候。李晓江指出：一是造成历史文化价值的大规模丧失；二是加剧了社会不公，把低收入人群从生活成本最低的老城驱赶出去了；三是资源的严重浪费，土地城镇化快于人口城镇化，建设用地粗放低效。“地方政府仍在为了土地财政的逻辑，不停地要土地指标，大规模招商引资，去解决GDP和企业税收问题。但是现在工业用地空置得一塌糊涂，商业用地的商场和写字楼也卖不动了。唯一能卖的用地就是住宅用地，于是拼命去建住宅，三四十层的高楼就盖上去了，从总的土地财政收入的最大化，变成每一块地的收入最大化，走进了一个恶性循环。”

“经过几十年的发展，我们人均用地的水平已经很高了，人均住房面积也已经很大了。比如北京、上海，跟改革开放初期相比，人均建设用地增长了一倍以上，达到了100多平方米。”李晓江说，这个时候中央政府意识到问题的严重性，开始严控土地，死保18亿亩耕地红线。无论是自然资源部，还是住房和城乡建设部，都彻底转向了，强调进入了存量时代。“口号和目标变了，迫使地方政府在游戏规则不变的情况下，先改变行为。”

目前，中国城镇化率已经超过了60%，过了这个拐点，就将从快速增长期进入缓慢增长期或平台期，这是全球城市化发展的普遍规律。尽管李晓江认为这60%不完全是真正意义上的社会人口，但他也认同，中国的城镇化已经进入了“下半场”。

“中国城镇化的下半场，土地财政、大拆大建的游戏规则必须改变，否则GDP增速很快，但收入没有同步增加，整个社会一定程度上是在空转。”李晓江担忧，如果找不到存量更新的新逻辑，找不到新的制度安排和运作机制，中国就要掉进中等收入陷阱里面去了。

从土地经济到空间经济

回到2005年，尽管生涩，但空间主题的城市文化活动毕竟发端了。那么，为什么第一个是深圳？

李晓江认为，还是人决定的。“深圳是短期爆发式成长起来的，一直被认为是一个缺乏文化的城市，结果它反而更有意识地推动这样的空间文化活动，这跟深圳的年轻人群有关，跟社会发展观念有关。”

而在深港建筑/城市双年展发起人、趣城工作室创始人张宇星眼里，更显著的动力其实源自一场危机。他说，深圳特区成立40年间，经历了三次大的转型。第一次是1992年，邓小平南方谈话，经济特区重新起飞；第二次是2000年左右，从一个特区城市转为一个普遍城市；第三次是2008年，从一个普遍城市转为一个国际化大都市。这是三部曲，每一步，对深圳来说都相当于一次蜕变，都会面临剧烈的阵痛。而2000年前后，亚洲金融危机之后，港资大规模撤离深圳，深圳陷入迷茫。张宇星当时正在深圳市规划和自然资源局工作，他见证了这一次危机后的蜕变。

“深圳早期的发展跟香港是紧密关联在一起的，‘三来一补’，绝大部分产业都是香港直接过来的，和香港就是前店后厂的关系。亚洲金融危机之后，很多港资撤离，深圳面临巨大的危机感，倒逼自己另起炉灶。换个角度看，经济不好的时候，城市的成本是最低的，深圳政府抓住了这次危机，提出发展高科技产业，提出特区内外一体化，开始从一个混合型的特区城市向正常城市转型。”

张宇星说，2003年网上有个帖子热度很高，“深圳被谁抛弃？”的背景是改革开放到了一个节点，内地很多城市也开放了，年轻人的选择更多了。但另一方面，也说明深圳缺少归属感，需要增加细胞和血液。所以2004年，深圳市规划和自然资源局提出了要举办双年展，也是为城市寻找新的动力。

2009年深圳启动城市更新，也是全国最早的。张宇星说，那是另一次危机中的主动选择。“2008年又值金融危机，工业园区的厂房大量空置，但第二年深圳就大力度推行了城市更新。一是当时的更新成本低，很多人愿意参与进来；二是深圳把政策放开了，别的城市在收紧，形成了一个相对效应，全国性的金融资本都被吸纳过来了。”

深圳从增量时代进入存量时代，当然也是因为相比内地城市，深圳的土地资源更为紧张。张宇星说，2009年整个特区已经基本上没有了空置土地，城市更新已是刻不容缓，当年就成立了城市更新办公室，几年后转为城市更新局。

回头看，张宇星认为，深圳城市更新的节点是广东省国土资源厅起草的一份文件，也获得了自然资源部的支持，鼓励广东省作为试点推行“三旧改造”。其中核心的一点，就是鼓励原产权人参与到旧改中去。“因为大量的存量用地都在原业主手中，业主构成非常复杂，有的是所谓小业主，自然产权，还有集体用地、农村用地等。政府想要把原产权收回，重新招拍挂进入市场再开发之前，需要花很大代价，要和原业主谈判。如果政府没那么多钱，更新是无法启动的。那么，如果允许原产权人参与到存量的二次开发，意味着可以在一定程度上解决政府再开发资金不足的问题，而原业主有权利参与到增加容积率、改换功能之后的新增收益再分配中。这实际上就把口子打开了。”张宇星认为，是否允许原产权方参与分配，是否允许市场力量进入，是实际操作中最为关键的。

张宇星说，传统理解中的城市更新，还是以空间环境为导向的。一种是让土地增值，一种是让空间质量变高，无外乎就这两种方式。这样或许可以突破单点，但主体参与性和价值持续性还是不够的。他认为，作为城市政府，是城市最大的业主，应该用养护一个生态系统的思路来经营城市，让多方主体参与进来，共同把蛋糕做大，城市的利益才能最大化。

蛋糕做大后，如何分蛋糕，是多方利益博弈、多种目标平衡的结果。他说，比如对开发商的利益分配，如果切分太大，以房地产开发为主导，就会产生负面效应，对整个城市结构的破坏性是很大的。深圳目前有几种方法来制衡：第一，要求再开发中不仅有房地产项目，还要有大量自持项目，以长期运营的固定资产为主要载体，这也就意味着开发商必须花力气把内容充满，而且会吸附大量的社会人口及经济形态，形成一种良性发展动力；第二，政府把城市更新的开发权和招商引资捆绑在一起，一开始就要审批空间计划和产业规划，之后再来验收；第三，在开发过程中加入公共利益，包括公共基础设施，比如修路、建学校或医院等，还有建设保障性住房、产业用房，目前深圳的再开发中能达到40%的贡献率。

某种意义上，城市更新已经成了深圳创新产业的一个孵化器。张宇星指出，在深圳，市场力量已经是城市更新的主体，开发商成了新的空间所有者，同时也是招商者。因为项目一旦做起来，就是几十万、上百万的建筑量，不可能空着，就要去招商引资为空间增值，参与社会管理，甚至直接参与某个高科技产业的风险投资。“一栋楼就可以做孵化器，减免租金吸引那些创新企业。不成功，最多损失一年租金，但孵化成功一家，企业和政府的回报是非常大的。”

张宇星说，深圳大的房地产公司几乎都开始参与城市运营了。尽管单个项目的投入产出比不如一次性房地产开发，但他们也发现，城市运营是一个巨大的、持续的增量蛋糕。“比如一个村子的管理运营，如果几万人住在里面，这里面的增值业务有多大？”

而对高科技创新企业来说，根植城市的发展路径，也跟产业和空间政策的双向融合有关系。张宇星说，政府扶持大量创新企业，希望它能够在城市根植，最好的办法就是给一块地，把工业用地转化为总部用地，让它生长起来。企业一旦有了总部，自己用不完，就会招商引资，主动造血，这也是某种意义上的房地产公司。“前两年深圳倒了一批企业，如果深度挖掘，很多没倒的企业就是因为有一栋楼，能够维持基本的现金流，抗风险能力就提高了。”

最终就像大卫·哈维说的，空间已经参与整个资本运转了，出现了空间的资本化和资本的空间化趋势，空间和内容互相匹配和补充，具有一种双向放大效应。张宇星认为，这样一来，城市更新就从土地的更新，扩展到空间经济模式的搭建，甚至科技创新的孵化里去了。“一次性房地产开发的空间生产行不通了，要通过二次、三次的生产，逼着资本去寻找一种新的空间生产方式。”

城中村里的更新实验

事实上，从2005年至今，深圳建筑/城市双年展一直有一个永恒主题，就是城中村。最近几年，这条线索愈加突显，甚至成为城市更新的一块实验田。

“深圳有上千个城中村，城市将近三分之二的人口都住在里面，可以说，城中村就是深圳最主要的城市问题。”李晓江说。而城中村研究者、深圳趣城工作室联合发起人韩晶认为，深圳的城市是从村子里面快速生长出来的，所以城中村数量多，很多就在城市中心地带，和城市是唇齿相依的关系。

也正因为深圳是一个村庄城市，先有村后有城，城中村对于深圳的意义尤其特殊。张宇星指出，城中村相当于一个城市的孪生体，与城市伴随式生长，这种伴随既有相互配套，也有相互支撑，甚至相互孵化。“城市到什么阶段，城中村也到什么阶段。城市初创的时候，城中村可能只有两层高；城市到了高峰期，城中村也在拔高；今天城市向高科技产业转型，城中村又变成一些高科技初创公司的落户地，一个孵化器。还有很多城中村，比如南头，转型为一个新的消费目的地了。因为城中村成本低，可以充当一个城市的创新实验室。”

此外，城中村也孕育出一种特殊的社会治理模式。张宇星说，早期的土地产权是村集体所有，村里成立股份制公司来管理，村主任就是董事长，这意味着整个城中村是个小社会，里面的衣食住行、消防、垃圾等全都是村庄自治的。“城中村的自我管理能力很强，作为一种高密度居住模式，对未来的城市空间也有启发性。一个典型例子是，尽管里面加建了很多不符合消防规范的‘握手楼’，但这么多年没有发生过一次大的火灾。”

城中村作为深圳典型的城市现象，在主流视野中也经历了转折。张宇星回忆：“2005年第一届双年展时，大家都认为城中村是法外之地，脏、乱、差，应该被拆掉，是城市的一个阴暗面。当然也有社会学家和城市学家去关注城中村，关注生活在里面的人群，但更多是以一种旁观者的视角。”

2009年左右，深圳进入一个转型期，对城中村的看法也在改变。“从一个旁观者的视角，研究它的社会文化价值，转而研究它的空间经济价值。之前研究城中村，会强调它作为一个社会组织和文化组织的细胞，是地方文化的维系主体，对整个城市的文化土壤培育有外溢效应。后来逐渐意识到它也有广泛的经济价值，参与了整个城市土地和空间的价值再增长过程。”

不过，深圳在2015年前后进入城市更新的一个高峰期，几乎90%的城中村都被开发商盯上，要被拆掉了。“当时城中村更新只有一条路，就是把它拆掉，然后建高楼。如果再不去有所动作，可能再过三年就没了。没有载体，再去谈城中村的价值还有什么意义呢？”

于是，张宇星提出要将城中村作为下一届双年展的主题，同时要把展览直接放到城中村去办。“亲眼看到城中村的空间环境、社会状态、新的业态、经济价值，才能意识到它无序生长的合理性。”2017年，张宇星动员了都市实践建筑事务所的合伙人孟岩和刘晓都做策展人，将那一届双年展搬到南头古城里，直接在城中村做实验，寻找城中村拆除之外的另一种可能性。事实证明实验奏效了，城中村自此进入政府的话语体系，被纳入正规空间，而不是像棚户区、贫民窟那样只能处在被拆除的非正规空间。

从非正规空间到正规空间，意味着应对策略也有了很大的转变。张宇星说，深圳市政府对于城中村的态度是很矛盾的，从20世纪90年代到2009年的十几年间，政府都在不断出台文件，限制城中村的违章加建。但每一次禁令出台，都被认为是最后一次机会，加建更快了，这种焦灼状态一直到2009年才被遏制住。到了今天，政府实际上已经通过城市更新，把违章加建变成合法的建筑，将城中村彻底合法化了。在这个过程中，政府把城市的公共利益、产业发展加入进去，和原住民、发展商三者共同开发。

事实上，大规模单一拆迁的城中村更新模式成本越来越高，也不可持续了。“很多城中村原来的容积率已经很高了，有的达到3，拆迁改造完可能增加到10，但还要增加学校、医院等各种配套，也需要土地。表面看是增加了税收，增加了土地，但是投入可能更多，算下来不如不改。”张宇星提出“城中村红线”，即保留一定数量和比例。2019年，深圳市规划和自然资源局出台了一个城中村综合整治总体规划，在2025年以内的7年规划期限内，综合整治分区划定对象为全市城中村的居住用地，该范围内的用地不得纳入拆除重建类城市更新单元计划、土地整备计划及棚户区改造计划。其中福田区、罗湖区和南山区综合整治分区划定比例不低于75%，其余各区不低于54%。虽然不能保证2025年以后怎么样，但是城中村有了充分的生长空间。

另一方面，城中村的留存价值越来越被重视。“最直接的是，城中村目前居住着900万人，是事实上的城市保障房，那为什么还要去新建呢？而且，这些居住者当中有城市的各种服务人员，也有很多白领和大学生，他们的生活成本提高了，产业的竞争力就会下降。此外，很多城中村，如南头古城和沙井，微更新的效果也挺好，城中村还有很多新的可能性。”

滨江的选择

李翔宁1991年从南京到上海读书，第一印象就觉得城市中心区域非常破败。“苏州河到了夏天就很臭，就像娄烨电影里拍的，那种工业遗迹，真的像一个伤疤。”按他所学的各种现代主义城市发展模式，城市中心应该是最好地段，但上海直到十几年前都不是这样。“苏州河和黄浦江，有点像把两边最差的东西翻到中间，然后再用一个拉链把它拉起来。”

城市公共空间，对于上海是特别稀缺的资源。现任同济大学建筑与城市规划学院院长的李翔宁回忆，王安忆曾写过外滩的“情人墙”，20世纪八九十年代，年轻人谈恋爱都要去外滩，一个挨一个地在“情人墙”边拥抱，把最私密的事放到最公共的空间，成了一道景观。这是因为多年来上海城市空间特别逼仄，一个里弄的三间房里可以住七八户人家，甚至一个厨房都可以住一户人家。

滨江变化的开端，是2010年世博会选址在黄浦江两岸。李翔宁回忆，当时其实是有点误打误撞的。“一开始选址在浦东，后来同济大学组织了一次全球学生竞赛，一个法国和同济的学生联合组提出跨江方案，专家和政府觉得概念可行，才移到这里。有些偶然，那个时候也没有意识到要把两岸整体贯通，但回头来看，这确实是第一颗棋子。”

世博会前后，上海的用地也遇到了天花板，城市外扩式的发展已经不行了，必须要回到市中心做老城的更新。而上海老城区的复杂性在于，它有大量已经或即将停产的工业企业的厂房、仓库，这些待更新用地需要一个倒逼机制。因为世博会选址在黄浦江沿岸，江南造船厂等移到长兴岛建设，黄浦江不再是主要的运输河道，仓储基地也关掉了，真正意义上的城市更新才逐渐启动。

曾任上海市规划与国土资源管理局局长的孙继伟被公认为滨江改造的推手，他提到：以城市为主题的世博会，让政府对以往的旧区改造做法有所反思，意识到城市发展中的历史风貌和文化记忆的重要性，开始以一种更长远的眼光看待城市。“不只是名目变了，做法上也有了很大转变，原来是‘拆、改、留’，现在是‘留、改、拆’，顺序变了，动机和意义也就发生了变化，‘留’放在第一位，‘改’放在第二位，‘拆’放在最后一位。”

世博会之后，徐汇滨江西岸改造是一个起点。李翔宁当时参与了这一片区的规划。“我们去看场地的时候，这里就是一片围起来的废弃工业区，所有的房子都长在荒草里，破败不堪。那时很多住在徐家汇的人都不知道，还有这么一片滨江地带，这里很长一段都是被围墙封闭起来的。民生码头、龙华飞机场、水泥厂，每个厂都用一把大锁锁起来，不连续，也是对记忆的一种破坏。”李翔宁说，后来通过几次国际研讨会达成共识，首先就要把这里还原成一个开放的、连续的滨水公共空间。

2011年，孙继伟来到徐汇区任区委书记，他回忆，这块地在此前大部分已经清出来了，如果按照既往做法，就要着手开始批地卖地了。可以想象，开发商会从徐汇区排到外滩，卖了地以后就会有商业、住宅、写字楼不断进驻积累人气，这就是传统的房地产驱动模式，中国此前二三十年就是按照这个逻辑走过来的。

孙继伟形容这样运营城市的做法堪比“在高速公路上驾驶一辆刹车失灵的汽车”。这样只管速度、不管品质的结果就是，一方面带动了中国城市，另一方面也毁了中国城市，城市面貌发生了突变。他觉得不能再走这条路，于是尝试先做文化艺术，提升环境品质，找到长久驱动力。

龙华机场因世博会迁走后，在距离市中心很近的滨江西岸留下了很大一块空地。为了用艺术激活，2013年在这里举办了双年展。李翔宁说，西岸之前的规划还是滨江绿带，只能拆，不能增加建设量。通过双年展，请一些建筑师造了几栋临时性建筑，希望提供一些公众服务项目，借此增加一些建造的指标。也有一些工业遗存在建造过程中被保留下来，比如原本要拆掉的运煤码头的煤料斗，后来成为龙美术馆的基础。“把工厂围墙打开，3.4公里的滨水区向市民开放以后，没有画廊，没有咖啡馆，这里就只是一个工业锈带变成的生态公园，这在城市中心是不够的。”

2011年，大舍建筑事务所创始合伙人柳亦春开始在西岸运煤码头场地上设计建造龙美术馆。“大船将煤运过来，龙门吊吊起，通过传送带运到煤料斗上面。同时，火车开到煤料斗下面，一节车厢对应一个料斗，煤进到车厢后就会被运走。”柳亦春认为，这些110米长的煤料斗架在离地8米的空中，是大工业的见证者，“伞拱”结构也成了龙美术馆标志性的建构特征。

柳亦春记得，龙美术馆2014年3月开幕，11月他们就趁势举办了艺博会，全球的收藏家、艺术家、画廊都来了，艺术品生态链就活起来了。之后建设了传媒港，引入人工智能产业，一些对艺术文化氛围要求比较高的创新企业自然就聚拢过来，比如阿里巴巴未来城市拓展的板块、小米的工业设计中心等。柳亦春认为，西岸或许是中国唯一一个靠文化艺术带动城市更新的案例。

为了更好地推动城市更新，上海在2015年启动了城市空间艺术季，第一届落在西岸，主题就是“城市更新”。2017年的第二届，结合市政府要在2017年完成黄浦江两岸45公里滨江空间的贯通开放目标，以滨江空间中的一处重要贯通节点浦东民生码头地区作为展场，聚焦“共享未来的公共空间”。2019年，关注“滨水空间为人类带来美好生活”，在杨浦滨江5.5公里开放空间中设置了公共艺术板块，由室内走向了室外。这一顺序，也是滨江改造的推进顺序。由此，黄浦江岸线形成了连续的公共空间，西岸、杨浦滨江、北外滩到浦东，步行道、跑步道，还有骑行道都连起来了。李翔宁说：“黄浦江像一个天然的屏障，让人可以隔开一些距离，看城市的天际线像画一样在面前展开。这也为城市提供了新的机会。”

相比西岸，作为上海工业摇篮的总长15.5公里的杨浦滨江岸线启动更新要晚得多。杨浦滨江开发有限公司副总经理钱亮说，杨浦的第一轮改造2013年才开始，那时工业遗存的价值已经被认识到，保存下来的比较多，成建制的工厂就有三四个。同济大学建筑与城市规划学院教授章明在2015年接手了杨浦滨江南段公共空间的总设计工作，他说，尽管有100多年的近代工业辉煌，但和上海的其他繁华地区一比，杨浦已经被快速的城市发展甩在了后面。“‘大杨浦’是本地人一语双关的叫法，荣耀的另一面，是近几十年的衰落和自卑。”

他推倒了此前设计方的原方案——一种“喜闻乐见”的、被大量复制的所谓滨水景观模式：通常有着类似的线型流畅的曲线路径、植物园般几百种植物配置、各色花岗岩铺装的广场台阶与步道、似曾相识的景观雕塑。他认为，这些在城市里随处可见的景观，会失掉杨浦的场所精神。他将5.5公里岸线上的工业建构，包括水管灯、江上的船来船往，重新融入城市生活当中。栈桥的红锈色、新种野草的淡黄色、船坞中投影仪重现水流的蓝光，斑斑驳驳地交织在一起，也是一种历史叠合的过程，累积成黄浦江新的特色。

如今杨浦滨江公共空间已经相对完善，下一步是内容的植入，这并不容易。钱亮说，杨浦滨江的早期规划是20世纪90年代做的，那时候都没有工业遗址的保护意识，规划中大都是要把废弃厂房拆掉，变为绿地，或者功能模棱两可。等到这一轮滨江改造启动，想要留下来改建再用，遇到的第一个难题就是没有产权，办不下来“身份证”。包括章明设计的“绿之丘”，原是烟草公司的机修仓库，距离现在只有二三十年，不在上海“50年”下限的保护之列，不能算历史建筑，几乎被宣判“死刑”。但也保留下来，在结构上做了“减法”，兼顾了交通通道与公共空间的功能，让它有了新的生命。但是，它依然没有获得正式“身份”，这也意味着很多功能无法置入其中。钱亮说，习总书记2019年年底来上海考察的时候，说要“像对待老人那样，尊重和善待城市里的老建筑”，但现在这些“老人”的“身份证”都办不下来，连带着控制性规划的调整、建筑的修缮、后期的利用，都需要漫长的制度创新，这不像改造一栋老厂房那么简单。

更轻微的介入

2017年深圳双年展将展场放在南头古城，在一个典型的城中村中“策展城市”，激起的震荡仍在持续。张宇星认为，震荡是双向的：一方面是城中村的存在合理性第一次进入官方的话语体系，是一种确认；另一方面，介入者们也正面接触到其中的内在冲突。他回忆，最激烈的一次冲突是在最后一天闭幕的时候，双年展组织了一次大型研讨会，策展人邀请建筑师、村民、街道办代表等都来参加，没想到村民代表站出来反对，说你们这些人就是来表演的，你们说双年展结束了就会改变城中村，意味着它会更快地城市化，可能我们就要离开了，你们没有权力这么做。

这次争论对张宇星和建筑师们触动很大，他开始思考建筑师和村民是什么关系，双年展应该以一种什么样的姿态进入城中村，应该如何改变它。事实上，当时的视角还是精英化的，还是一种空降式的进入。建筑师们天天在这里高谈阔论城中村什么样，但住在里面的人觉得跟他们的生活没什么关系。“有没有另一种方法呢？我们这些外来者不要上来就说要改变他们的生活，而是要了解他们真正的需要。比如有很多出租车司机住在这里，村里有很多小店铺，那就去调查他们平常喜欢到哪家吃饭，他们对聚会的空间有什么要求，怎么让他们的生活更舒适。”

如今的南头古城越来越景点化了。原来南街上居民常去的糖水店，变成了网红咖啡店，被一种新的生活方式强势裹挟。这让当年双年展的策展人孟岩觉得很无奈，他们在这两年没能继续介入南头的改造，而是由地产商来主导，虽然在一定程度上沿袭了当初的策略，但由于立场差异加上时间紧迫，许多本应留存的历史层积还是在大刀阔斧的改造中丧失了。他认为，城内原生态的店铺和新入驻的商家是可以共生的，一次性将它们置换掉，会将城市变成另一种同质化。可以想象，不管引入新业态、运营城中村是否成功，这里的居住成本肯定要上涨，有些目前居住其中的人就得搬走。张宇星认为，城中村改造中的“士绅化”实际上不可避免，但是应该去延缓资本的进入，不要那么快地挖掘它的价值，让生活在里面的人能够伴随生长，有机会参与到改造过程中，甚至从中获益。

2019年，张宇星和韩晶有了用另一种方式实验城中村更新的机会，他们通过空间微改造和城市策展，进入古墟沙井。张宇星说，沙井是在一片待拆迁城中村中间留下来的历史保护片区，政府承诺提高容积率，让开发商和村集体参与外围开发的分红，但中心这个“鸡蛋黄”不能再动了，相当于一种空间转移。在这种各方利益都得到保障的状态下，才可以静下心来谈里面的空间改造和社会活化。

第一次来沙井，古墟的原生态让他们震惊，他们觉得应该用尽量轻微的方式，制造一个观看系统，而不破坏里面原有的生活方式。真正进入后发现，微更新的过程还是很痛苦，实际上是多方的价值冲突，包括政府、开发商、当地村民，还有租户，利益目标都不一样。但通过这个过程，也真正看到了村庄底层紧实的社会关系，让微改造在多方冲突之中实现了一种平衡。

首先是要面对当地村民。张宇星说，其实原住民是直接受益者，这些空间改造是由开发商出钱，借机把村庄环境改善一下，比如路全部重新铺了，河边种上了植物，加了一些座椅器材。但任何改动，总有村民会跳出来，说改变了他的生活，得反复沟通。也有人本来很爽快，结果等项目施工一半之时，夜晚又偷偷出来把已经修好的座椅拆掉。比如村中搭建了一个废墟花园，刚动工一层台阶，附近村民就站出来让停工，理由是影响风水。韩晶跟住户交流后发现，这块地原本是属于他们家的，之前让出来给道路了，他觉得已经给村里做了贡献，现在又要在上面加建，影响了通风采光，他当然不同意。后来就跟他商量，把台阶降低，降到不遮挡的高度，相当于免费给他搭了一个屏风。他后来用起来了，也开始自觉地去维护。

其次影响的是租户。他们最关心的是环境改善了，租金会不会上涨，另外是不是能提高生活的便利性。张宇星说，比如他们平常骑摩托车、电动车，要走的路得让出来，不能不让走了，或者要绕路。村里有一条通摩托车的道路，但是非常拥堵。他们提出要把路缩窄一点，开发商反对，说这样不就更堵吗？实际上，这条路不是缺宽度，而是缺秩序，把环境改善、秩序提高，通行速度反而提高了。

表面上看村子里杂乱无章，但韩晶跟村民交流后发现，这种空间状态已经是利益博弈的结果，有自己的逻辑。所以要对原有的逻辑有充分的认知和尊重，新的逻辑才能加进去。

张宇星形容，微更新就像一个显影的过程。精细化地介入现场越深，曝光的时间越长，显影的清晰程度越高，才能达到一个更好的平衡点。这样的进入，也相当于一个论证过程，前期充分论证过了，村民当作了自己生活的地方，才能够长久保留下来。

越来越精细化的微更新被认为是下一阶

段城市更新的方向。李晓江认为，一方面，无论是历史街区保护，还是工业遗产利用，宏观层面的制度瓶颈很难在短期内突破，但可以在微观层面做一些文章，特别是在政府财力所及、社会能够响应、产权没有明确界定的公共空间范围内；另一方面，更新最关键的是解决需求问题，目前也需要从社会整体转向对不同人群的关注，转向对不同地域的关注，落到人的层面，才能让不同的利益共同体更有动力来参与。

上海下一届城市空间艺术季的主题刚刚确定，也要从大尺度的滨江，走入小尺度的社区空间。就是要发动社区居民参与，探讨在所谓的"15分钟生活圈"里面，那些小的美术馆、画廊、菜市场、老年服务中心怎么才能做得更好。李翔宁说，女儿小的时候他们住在纽约，每隔两条马路就有一个小的儿童游乐场，她每看到一个，就要进去玩一下才回家。他觉得这很有启发，身边一个口袋公园，不需要多大多奢华，但它是城市的毛细血管，对每个人的生活是很有价值的。

也是因为意识到社区的重要性，同济大学建筑与城市规划学院的老师刘悦来在杨浦居民区边上的废弃隙地开启了社区花园系列实验。设计师提供开源的技术，让居民们加入这个网络，自发地去改善身边最普通的空间，现在上海已经有100多个社区花园和700个迷你小花园。他的初衷在于，目前中国城市里只有小区，但没有真正有联结的社区。其实社区是最普通的空间，开发商和政府之外，最普通的大众有没有办法做点什么？"社区花园其实是一个物质载体，在这里，种菜还是种花并不重要。它提供了这样一个地方，让大家主动参与进来，形成一种公共决策。大家商量这个地方该怎么种，种什么，谁来种，种了之后怎么分配。通过大家商量，人们可以找到一个抓手，这个时候它就越来越有力量。之后讨论到小区物业费的收缴、停车问题等，这些人愿意主动出来说话，因为他们有了社区感，个人成为公共空间的主人，成为公共精神的生产者。"

数字时代的机会

过去的二三十年，土地经济是一元化上涨的曲线。土地价值高的地方，楼就更高，规模更大，这是相互匹配的。但随之而来的问题是，曲线高峰处，容量大、交通拥挤，曲线洼地处，经济衰落、职住分离等。要维持这个曲线，就要不断地投入，把房子拆掉建更高的楼，导致成本越来越高，越来越不可持续。

这个魔咒如何打破呢？如果不是简单地拆旧建新的话，能不能去增加附加值？张宇星一直在思索另外的路径。早期他认为是不可能的，因为一栋房子的流量是靠现实流量，如果不修路建楼，没有人来，房子就不值钱。但是现在的互联网时代，虚拟空间和真实空间两者形成了一种镜像关系，构成了一种混合真实，现实流量和虚拟流量都可以创造价值。在网上打卡也是一种流量，交易不需要到现场。他觉得，这为空间经济新模式的创建提供了一种可能。

"现在的网红打卡现象，照片拍得好看一点，就有人愿意买，其实买的是它虚拟空间里的价值。所以哪怕是一个小小的咖啡厅，也可能赚到比一个摩天楼还多的钱。"张宇星认为，现在的空间经济，要应对如何把真实的空间跟互联网的虚拟空间匹配起来。吊诡的是，现在真实的交易大多发生在互联网上，真实空间反而成了虚拟空间的附加值，逻辑完全改变了。

李翔宁最近也研究了"网红建筑"现象。他查询了进入三联人文城市奖入围项目池的作品百度流量，发现阿那亚的流量从2020年到现在的一年多里一直处于高位，而南头古城和上海西岸也维持了一个相对稳定的量，超级文和友在最近也受到了很大的关注。

他说，很多建筑师之前并不认为超级文和友是一个建筑，它更像一个类似于好莱坞的布景。他们有一个仓库，里面收集了几十万件拆迁剩下来的各种物件，比如老的收音机或门牌，都被分门别类地放好，就像好莱坞环球影城的道具仓库。其实越来越多的建筑，以及大家在网络上谈论的一些空间和现象，很难再区分它们的边界。而阿那亚、超级文和友、上海西岸和南头古城，自觉或者不自觉地都被冠上了"网红"的头衔。

超级文和友和阿那亚现象，让李翔宁想起一个美国建筑评论家，他住在圣塔菲（Santa Fe），一个中产阶级小镇，那里的居民大多是艺术家或设计师，欣赏一种极少主义的现代风格，但他在拉斯维加斯上班。他比较了拉斯维加斯和圣塔菲，说拉斯维加斯一看就是假的，非常真实的假，而圣塔菲里的建筑是真实的，生活也是真实的，但它是追求一种美术馆似的高品位，某种程度上是与日常生活不相关的，跟美国的普遍社会也是脱节的。他把拉斯维加斯叫作"真的假"，圣塔菲叫"假的真"。而与其有相似性的超级文和友和阿那亚，因虚拟空间里的价值，激发的能量显然更加巨大。

韩晶认为，我们今天过多地生活在虚拟空间里，更加脱离日常生活了，所以消费日常生活的欲望也会格外地强烈。可以说，我们这个时代的每一个空间，都是依靠它跟别的空间的不一样来生存的。但是差异性从哪儿来？如果随意制造差异性，那真实空间就变成一种异化的符号了。如果这种差异性从历史文化中来，保持了日常生活的某种连续性，也是未来建筑空间的一种走向。

“现在打卡拍照，只是初级的视觉效应。那么下一步是什么？”张宇星说，如果真实空间是虚拟空间的附加值，对真实空间的社会性和人文性的要求反而会更高。“打卡之后，人还要坐下来，要有社会关系，要有各种新的信息要素，让现实空间也成为一种场景。比如说城中村里面的一个咖啡厅，外来者其实不是来看咖啡厅的，而是看周边人群如何跟咖啡厅共存的社会生态。”

上海西岸的“网红建筑”龙美术馆，在设计中就融合了对虚拟空间和真实空间的思考。柳亦春说，他一开始是想创造一个自由看展的路径，后来重新去思考，到底空间的公共性、开放性、自由感是由什么东西形成的。龙美术馆是在一块工业性的场地上，但如果停留于此，那就是浅层的视觉符号呈现。他希望把工业性的这层意义悬置起来，将文化当代性介入进去，形成一种新的后工业感觉，同时也是一个公共化的过程。他保留了伞体结构，墙跟天花板是没有边界的、连续的、开放的，创造了一种让身体自由的观看体验。因此很多人喜欢在里面逗留，户外广场上玩滑板、遛狗的人也特别多。“不是有一块空的地块就能构成公共空间，公共空间最重要的核心，是给人带来思考上的一种自由。有了思考的自由，就会有身体的自由。”

事实上，张宇星认为，现在已经到了一个节点，现代社会跟数字社会之间有一个巨大的断裂要弥合。“如果还停留在现代主义游戏规则下，建筑师会觉得无力。一个房子的光线很漂亮，空间很有韵味，比例很好，但现在的年轻人可能完全无感。他们看到的都是互联网里面各种拼贴的幻象，认为那才是真实的。整个社会生产逻辑改变了，空间生产逻辑不能停滞不前。数字时代的人已经改变了，人文也要改变。”

全球最好的城市会不会“MADE IN CHINA”？

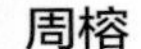

周榕

被超速城市化风干的"人文泡沫"

广州"超级文和友"火到什么程度？

开张半个月后，这家因"城中村风"建筑立面而饱受物议的网红餐厅，由于生意过分火爆被当地街道办勒令"限流"——单日接待顾客不准超过5000人，但每天慕名而来的等位人群却多达30000以上，因此不得不在餐厅门口派专人劝导并疏解络绎不绝的后来者。自《阿凡达》以来，现象级史诗长队十年后再现江湖，鼎沸的人潮让隔壁区区十来人排位的喜茶店"冷清"到令人心酸。

广州人为什么会挤爆"超级文和友"？这对于几乎每一位本地餐饮从业者来说都是一个难解之谜。论菜品的质量和性价比，这家网红餐厅在美食之都广州绝对谈不上碾压同行；论就餐环境的档次与舒适度，"超级文和友"全店不设一个包间，150张桌台都是路边摊大排档的水平，更不要说店内着意复刻、拼贴拥塞的20世纪八九十年代"脏、乱、差"的城市街景。那么，在传统的餐饮业成功要素之外，这家店用来俘获人心的秘密武器究竟何在？

说来简单，"超级文和友"成功的秘决，无非就是与20年来的中国超速城市化浪潮保持"逆行"而已——用心捡拾、搜集那些在城市现代化进程中被视同垃圾而拆除、丢弃的，半新不旧的建筑构件和家什器具，然后一股脑儿高密度堆砌成强视觉冲击的市井物象。这一错置时光的"场景梗"，两年前曾引爆过长沙，而今又引爆了广州。看样子，这一剂激活空间场域的"强心针"，或许对全国任何一个城市都有广谱适用的效能。

令人有点意外的是，追捧"超级文和友"的粉丝食客，绝大多数都是"90后"甚至"00后"的年轻人。他们喜欢这个地方，既非出于怀旧，也不仅仅是猎奇性的"打卡"，而是心底深处某些久已隐约存在却一直莫可名状的东西，被这里既熟悉又陌生的视觉环境轻撩或重撞之后，开始在情感的溪流中缓缓显影。

那些被"超级文和友"勾起的心底"多余之物"究竟是什么？为何只能在此鄙俗、廉价、混搭得破绽百出的环境中才放得安稳，而在近乎铺满现代化城市空间、内嵌规训与教化编码的格式化秩序环境中，竟无它们的栖身之所？或许本质上，"超级文和友"所着意打造的，也是现代城市中一块奇怪的"多余之地"——漫不经心、随意堆叠、浑无"正形"，与周遭四邻格格不入甚至构成某种挑衅。又或许，在当代城市中唯有这些畸零的"多余之地"，才能勾起并适配深潜于人心的"多余之物"。

从全球范围看，现代城市的"灵魂"，说到底还是资本主义的核心价值观——"效率"。为了现代城市对于"效率"的应许，每个人都被迫忍受城市这部空间机器对于自己生命的紧逼和压榨。现代"效率生活"，从价值本原上就不允许城市人随身携带"多余之物"，所以现代城市，从诞生那一天起，就没打算为城市居民提供基本生存所需以外的"多余之地"。

假如没有身为记者的简·雅各布斯在她1961年出版的《美国大城市的死与生》一书中对西方现代城市理论与实践的愤怒声讨和强烈批判，国际城市规划界恐怕还会长期对现代城市中公共生活及社会生态的枯萎视而不见，因此也压根不会意识到，现代城市在高速扩张的进程中，一路吞没的"多余之地"到底有什么价值。

所谓"人文"，本质上是一种社会活跃生态的"显相"；而社会生态能否活跃的前提要义，就在于环境空间能不能创造并保有足够的"多余"——在个体低限生存的基本所需之外，那些非规定、无明确用途，因而更具多义可能性的"冗余生境"。没有这份冗余度，城市就会蜕变为流水线化的大型"人类养殖场"。

城市环境中"多出来"的冗余部分究竟有多重要，华南理工大学何志森老师做过的一次城市人类学实验提供了一个极为生动的案例：2015年，何志森观察到广州番禺一条滨江步行道长期乏人问津，于是决定做一次空间介入，设法在环境中创造一些"多余"的部分，看看能带来什么影响。

在一个周六的凌晨，他偷偷把步行道上三百多个垃圾箱的桶盖全部取下，擦干净后贴上"放心使用"的标签，有序地摆放在了桶身的对面。一周后再次回到现场，何老师惊讶地发现，那些桶盖已经被周边居民区的老人们无序地移到了步行道上的不同位置，有人用来做凳子，坐在上面钓鱼或闲聊；有人用来做桌子，围着它打牌；还有的把桶盖翻过来放置随身物品，甚至把不会走路的小孩放到桶盖里玩耍。

半年后，城管部门终于发现垃圾桶盖被挪作他用，在强令禁止无效后，干脆全面更换了一种桶盖和桶身固定在一起的垃圾箱。而此时的步行道已经变成周边老人们最重要的日常社交场所，于是他们自发地把家里的桌椅、沙发、书架搬到了步行道上。一些老人甚至动手拆掉江边原有坏掉的石凳石桌，利用这些废弃的石头、木块和其他回收材料，大家一起重新"拼贴"成适合他们身体和活动需求的一个个"新物件"。老人们还成立了"旧家具收集小分队"和"修理小分队"，一些老人还自发形成巡逻小分队，对在某些半遮蔽场所吸烟及乱扔垃圾者进行劝导和教育，共同维护公共空间的秩序。

仅仅通过摆放一些看似微不足道的"多余"的垃圾桶盖，就能引发城市局部地区如此明显的社会生态改善，何志森老师令人信服地展示了什么是城市社会生态的"着床效应"。环境生态学家曾做过类似的实验，把一些报废的公共汽车沉入近岸的海底，这些外来的"多余之物"很快成为海洋生物栖息和繁衍的乐园。以这些废旧车厢为"锚点”，一个前所未有的新生态聚落在时间中不断生长壮大，直至彻底改善了原有荒芜的海底生境。看来，无论是自然生态还是社会生态，都需要依托足够“多余”的生态温床。

“生态”，意味着多线索自由滋长、多角度交织纠缠、多主体互动平衡的“丰沛的多余”，这种“多余”所蕴含的丰富性绝非任何人工构建的复杂系统可以比拟。人类不要试图用语言去定义生态世界的“多余”，最好让其保持维特根斯坦式“不可言说”的状态。我们需要保护城市中看似无用而“多余”的部分，就像保护咖啡的泡沫。一杯被剔除了泡沫的咖啡无非是一杯纯粹的功能饮料，而保有泡沫则保有了啜饮人生的沉思意味。

人文城市，就是能不断酿造“人文泡沫”的城市，“人文泡沫”的浮沉生灭，折射出社会生态的往来代谢。中国近20年来的超速城市化，风干了太多传统城市社会结构孔隙中寄生的“人文泡沫”，却还没有发展出大量制造新生泡沫的人文能力。一场新冠疫情瞬间拉大了每个人与城市之间的距离，但同时也提供了难得的机会，迫使我们重新思考人类与城市、城市与人文、人文与生态的诸多深层关联。我们终将会回到城市，我们也希望回到的，是比以往更好的城市。

好咖啡，不能没有泡沫；

好城市，也同样如是。

好城市为什么必须“保湿”？

“城市建设必须‘以人为本’！”这句口号已经喊了近30年，但因为抽象的“以人为本”，既不能系统化为统一衡量的价值体系，也无法落实为整体的行动策略和具体的技术细节。导致的结果，是许多高举“以人为本”大旗的中国城市，却建设得离“人”越来越远。

平心而论，今天中国许多超一线和一线城市的硬件建设水平，早已位居世界一流，而近年来以各类“智慧城市”“城市大脑”为名打造的城市软件，更是大幅领先全球，但中国当代城市建设的短板所在，其实是出在城市“湿件系统”的缺失上。

“湿件”（Wetware），是IT业与硬件、软件并称的第三种“件”，特指依托生命体而存在的“活”的数据、知识、技能、组织等。“湿件”涵盖了人与生物的各种状态，包括理性与非理性、头脑与身体、认识与感知、意志与情绪、整体与碎片、连续与突变、完美与缺陷等不同生命态的全侧面。

通过“湿件透镜”来检视中国当代城市，许多原来被“以人为本”这一笼统口号所混淆的问题，便一下子清晰起来。说到底，“以人为本”这一认知工具太粗糙，既无法析分“人”的理性状态和“人”的自然状态，也难以兼顾“人”的个体行为和“人”的社会行为。而引入“湿件”这一全新的认知工具，则有助于提升我们对城市人文问题的认知分辨率、锐化思考社会生态现象的思维颗粒度。

从“湿件”角度去理解“人”，就不会简单地把“人”缺省定义为理性的完美造物，或思想和行为高度一致化、逻辑化，永远服从环境指令、永不出错的标准机器。“湿件”之“湿”，意味着“人”是有血有肉、千差万别、无法规范、难以预期的“生灵”，正是这些“生灵”在城市中和合因缘、演进生态、随机迭变，聚积为丰盛复杂、浩瀚细腻的“城市湿件系统”，才衍生出幻化万千的城市人文气象。

事实上，“人文城市”的营造是一个长期、系统、周密、细致的“另类技术活”，需要有特别的“湿件观法”和琢磨人心的缜密心思，因此绝大多数擅长打造城市硬件形态的专业设计师都难胜其任。

说到“湿件观法”，台湾建筑师黄声远算是华人建筑师中一个罕见的另类。1995年，耶鲁毕业并在美国工作的黄声远偶然来到当时还很偏僻的宜兰县，被当地淳朴的风土人情所深深吸引，从此扎根宜兰25年，所做的设计基本上不出以宜兰为圆心的半小时车程范围。25年来，他的工作已经与这座小城完全融为一体，深刻地改变了宜兰的城市面貌，并推助宜兰成为联合国授奖的宜居城市。

在黄声远几乎所有的建筑作品中，都很难看到一般建筑师惯有的出自“上帝视角”的设计痕迹。在每个设计中，他总是会潜心揣摩，如何让每一个普通使用者在建筑中感到“舒服”和“自在”，为此，黄声远从未把自己固定在某个确定的创作风格上。

以他在宜兰的代表作“津梅栈道”为例：为了解决宜兰河两岸往来交通人车混行的安全问题，黄声远向当地政府提案并获得批准，在旧公路桥一侧悬挂一架轻钢结构的步行栈桥。就在这个看似只需解决纯粹的功能和结构问题的设计中，他仍然照顾到了行人过桥的行为细节与心理感受，以及社会生态与自然生态的和谐相处。

黄声远对于“津梅栈道”的设计原则只有两句朴素的大白话——“路要窄，人才能相遇；灯要暗，鸟才能安睡。”路设计窄了，不得不迎面擦肩而过的行人才会点头相互招呼，往来久了，就混成了相逢一笑的老熟人；没打扰到河边栖鸟的安睡，夜行的过客才在桥上走得安心。就在这些几乎微不可察的环境细节上，一座城市得以一点点展开其无形的善意怀抱，散发出接近体温的人文温度。

如果说，“津梅栈道”所体现的人文特质是对人熨帖入微的极致关怀，那么上海杨浦滨江“绿之丘”项目，展现的则是上海这座城市对“人”的无尽“宠溺”。出自同济大学章明教授之手的“绿之丘”，是一个堪称教科书级经典的城市设计杰作。

这座建筑的前身，是上海烟草集团的烟草仓库，由于与市政规划的车行道相冲突，政府原准备将其拆除。值此关键时刻，章明拿出了一个颇富创造性的改造方案——

保留原有烟草仓库的基本结构框架，一、二层架空，保证车辆通行；三层开敞打通，成为连通江岸与城市腹地的人行过街天桥；建筑面向黄浦江一侧，被切削成逐层后退的多级台地，其上覆以植被，形成一个人造的绿化丘陵。

"绿之丘"并无明确的城市功能，而是一个多义性的城市场所。"绿之丘"也没有限定的出入口和行进路径，人们可以从各个方向进入其中，也可以随心所欲地选择自己的流连路径。按照现代建筑的功能主义观法，很难理解人们对于"绿之丘"为何这般喜爱。无论男女老少，个个开心地在建筑中央的螺旋坡道和连接各层平台的钢制楼梯上漫无目的地上下行走，似乎有某种单纯的快乐在行走中被不断释放出来一样。

中国传统文字中有许多表现不同"非目的性"行走状态的双声词，例如：徘徊、徜徉、彷徨、彳亍、蹀躞、踌躇、踯躅等。而这些词汇到了现代城市中，就通通被用"交通"一词所取代了。现代城市道路上不容更不养闲人。所有城市设施的设计，都潜移默化地向人们灌输着这样以理性和效率为核心诉求的城市价值观。几乎一切城市道路都是为着达成和促进快速、便利的"交通"而建造——城市容纳的是"功能"而非"人生"。

"交通"这一功能概念，把城市行走中诸多无目的、没头绪、非功利的"人文泡沫"给挤掉了，从此，人们在现代城市中的行走，就变成干巴巴的脱水状态。"绿之丘"正大光明地把"城市徘徊"作为一种人文权利还给大众，干燥的城市因为他们快乐的行走而开始有了若有若无的"湿意"。

在超速发展的城市化年代，人们对城市的追求大多停留在"最美××"的视网膜层面，而忽视了对社会生态影响最大的，其实莫过于"体感"层面的城市人文气候的湿润度。要保持这种湿润度，就必须主动打造可以为城市公共生态"锁水"的"保湿结构"。与物理意义上的"保湿结构"相似，社会生态意义上的"锁水保湿"也同样需要"疏松多孔"的空间结构来保障——"疏松"，意味着可进入性；"多孔"，意味着可选择性。

成都的茶馆、台北的便利店、巴黎的咖啡馆、巴塞罗那的小广场群，客观上都使各自的城市空间呈现出某种"疏松多孔"的结构状态，因此较其他的现代城市有着更高的人文湿润度。在"保湿"效果上，"津梅栈道"和"绿之丘"较这些经典案例，可谓更胜一筹。

"人文城市主义"的价值取向

即便在城市栖居一生，也绝少有人能意识到自己其实无时无刻不身处于一场错综复杂而无微不至的组织进程之中。必须认识到，现代城市本质上是一个硬件、软件、湿件"三件复合型"的要素生态组织平台，由一套暗中运行的"城市操作系统"所掌控。"城市操作系统"的构建内核，是共识性、缺省性的城市价值目标与价值层级体系，"城市操作系统"的一切组织指令和技术动作，都必须围绕城市的全盘价值战略而展开。

应该看到，与很多其他技术领域相类似，由于输入型、后发型发展的历史原因，中国现代城市发展也呈现出"强技术、弱系统、轻价值"的不平衡态势。尽管城市软硬件的制造能力已跃居世界前列，但原本从西方嫁接而来的城市操作系统，数十年来依靠小修小补勉力支绌，面对急剧复杂化的当今世界，还是日益呈现出力不从心的僵化状态。究其根源，首推缺乏对本土城市价值体系的历史性省思、批判性博弈与创造性升维。

归根结底，城市是一种在空间中长久持存的价值构造，对城市共同体的精神特质和价值取向会产生潜移默化的深远影响。如果对城市发展的价值目标缺少深入而充分的讨论，难免会造成城市发展战略的决策失误，轻则贻误城市发展先机，重则带来难以修正和弥补的城市恶果。

改革开放40多年来，中国的现代城市化历程大致经历了四个不同的价值定位阶段：

城市化1.0阶段，把现代城市理解为一个形式系统，该阶段主要表现为对西方现代城市形态和内容要素的简单模仿与照搬。

城市化2.0阶段，把现代城市理解为一个经济系统，该阶段主要表现为风行全国的经济开发区模式。

城市化3.0阶段，对城市的土地与空间价值产生觉醒，城市土地交易系统作为政府发展经济的金融工具，城市空间作为政府进行城市营销的巨幅立体广告。该阶段主要表现为政府主导的新城模式和开发商主导的房地产模式。

城市化4.0阶段，开始把城市定义为一个硅碳合基的超级智慧系统，在强调于物质空间中营造城市硬件系统的同时，开始大力发展城市软件系统的建设。该阶段主要表现为政府对"智慧城市"和"新基建"的高度重视与大力推进。

即将到来的城市化5.0阶段，也可被称为中国现代城市化的5G时代，是中国现代城市文明从对西方的艰苦追赶转向成熟的自足发展的关键时期。这一时期，在完成了基础性的城市硬软件建设之后，城市发展的价值重心势必要转移到城市湿件系统的营造上来。城市不仅需要具备能量与智慧，更重要的，是还要容纳"人"的情感、承载社会的意义。

"人文城市主义"，就是高度重视人类情感价值和社会生态价值，并将其置于城市价值最高优先级的价值选择与观念导向，融贯到行动上，可以打造城市化5.0阶段的升级版城市操作系统。

湖南常德的老西门城市更新项目，就是中国当代城市建设实践中进行“人文城市主义”探索的一个典型案例。建筑师曲雷、何勍夫妇，在长达8年的时间中，始终专注于老西门棚户区系统性改造，这项工作迄今仍在持续进行。

在老西门项目中，“人文城市主义”首先体现为空间的人道主义，整个棚户区1600户原住民，通过建筑师殚精竭虑的设计努力，全部做到了原拆原建，一户不落地搬进了回迁楼。而造价极低的回迁楼，也充分体现了建筑师的设计巧思：建筑立面开窗洞口的灵活错动布局，辅以9种不同肌理和微差颜色涂料的精心搭配，让回迁楼看上去比城市里的中高档公寓还要惹眼。

其次，老西门项目对于如何营造培育社会生态的湿件系统，有着高度的自觉和精心的系统化安排：

1. 在回迁楼底层设计了一条宽敞的外廊，把原本在棚户区摆摊数十年的老鞋匠、老裁缝、老理发师、配钥匙的老师傅等人重新请回社区，并让他们可以风雨无阻地出摊。很快，依托这些摊点，因改造而中断数年的原有社会生态被迅速修复如初。

2. 在回迁楼围合的室外中庭，利用回收的传统建材修建了一个窨子屋会所，举办各类社区活动，雨天老人们在窨子屋的回廊中跳广场舞，一派其乐融融的景象。

3. 利用会所顶部，设置了居民专属的二楼屋顶花园，可以让家长放心地把孩子放在这里玩耍，也增加了家长之间的交往机会。

4. 在整个老西门区域内设计了7个不同类型的室外广场，给本地居民和外部访客提供了丰裕的交往和融合空间。

第三，老西门项目最大限度地把“多元包容”的“城市人文主义”理念落实进超量的城市设计细节之中。其中，有传统与现代风格碰撞拼贴的“窨子屋酒店”，也有空间形式充满创造性想象的“钵子菜博物馆”，每一区段的建筑风格都尽量做到混杂相融，600米长的水街上设计了16座桥，每一座桥的形式都迥然不同。四期工程完成后，完全看不出统一设计的人工痕迹，宛如在时间中自然形成的城市街区。

正是许许多多像常德老西门一样自下而上蓬勃“生长”出来的优秀城市案例，让我们愈加坚定了三联人文城市奖追求“人文城市主义”的既定价值取向。我们有理由相信，在即将来临的中国城市化5.0时代，全球最好的城市将会越来越多地出自“中国制造”；而中国未来的人文城市，也必将对人类的城市文明历史进程，产生越来越重要的影响力。

(E01)↔(p. 111)

上海创智农园 | PHOTO by 蔡小川

(E01) ↔ (p. 111)

上海创智农园 | PHOTO by 蔡小川

(D 01) ↔ (p. 104)

上海绿之丘 | PHOTO by 蔡小川

(D 01) ↔ (p. 104)

上海绿之丘 | PHOTO by 蔡小川

(C01) ↔ (p. 95)

湖南常德老西门棚户改造 | PHOTO by 蔡小川

(C01) ↔(p. 95)

湖南常德老西门棚户改造 | PHOTO by 蔡小川

(B 01) ↔ (p. 87)

广东连州摄影博物馆 | PHOTO by 刘有志

(B01) ↔ (p. 87)

广东连州摄影博物馆 | PHOTO by 刘有志

(A01) ↔ (p. 80)

四川成都西村大院 | PHOTO by 蔡小川

(A01) ↔ (p. 80)

四川成都西村大院 | PHOTO by 蔡小川

A01

西村大院：
创造一种公共生活

B01

摄影博物馆下连州

C01

老西门：
在四线城市，选择一种
“复杂算法”

D01

“绿之丘”：
未来之丘

E01

社区花园：
居民自治黏合剂

A01

西村大院：创造一种公共生活

丘濂

西村大院以它特有的围合式结构保护了一个公共空间，也创造了一种公共生活。然而以开发商和建筑师的设想来衡量，它离理想状态仍有距离。

直到来到“西村大院”的面前，也依然觉得它是座平平常常的建筑：不过五层楼的高度，转角处是硬朗的折线，墙体则是混凝土原色的外墙。由于外立面没有贴砖等任何装饰，在它开放后相当长的一段时间，附近居民仍然认为它是座尚未完工的“烂尾楼”。

惊喜发生在走进去之后。穿过过街楼，就会发现里面一下豁然开朗。刚才看到的楼体，只是呈“C”状围合楼体的一个局部。楼体围出了一片巨大的开敞空间，而这空间的利用也是立体而综合的：球场上孩子们在踢球，二层跑道上有人在慢跑或者遛狗，竹林掩映着若隐若现的散步情侣。你可以停下脚步观看在楼里落地窗前用餐的人们，而你本人的踯躅徘徊也成为他们眼中的风景。此时正是周五傍晚7点多钟的光景，这是“大院”生活的寻常一幕。

保护一个公共空间

能有70亩的占地面积，对于西村大院来说是特殊的。甲方贝森集团从20世纪90年代起开始进行周边土地的开发，其中既有一级土地整理，也有房地产项目。70亩土地的性质是社区体育用地，是周边2800亩开发用地的配套，相当于几块体育用地归拢叠加在了一起。在西村大院建成之前，这里是体育公园，包括高尔夫球场、网球场和西南地区第一个恒温游泳池。虽然也供周围居民使用，但服务的人群数量有限。“网球场一来一往就那么两个人打。恒温泳池看似热闹，可维护成本高，盈利也微薄。”西村大院的建筑师刘家琨说。无论是社会效益还是经济效益，这个地块的价值都没有发挥出来。

贝森集团的董事长杜坚找到刘家琨重新来做设计并非偶然。杜坚是一位有情怀的商人，长期关注当代艺术领域，是北京798艺术园区最早的开创者。2002年，他主编过一套颇为前沿的建筑师丛书。刘家琨当年只能算是地区性的建筑师，名气远远小于已经国际知名的张永和等人，选进来作为五位中的一位，却是杜坚的坚持。刘家琨以往的建筑作品有一种鲜明的草根性和地域性，民间智慧和乡土建筑经常是他的灵感来源。1990年代末他就提出过一个“低技策略”的建筑概念，大意是以简易和廉价可行的技术来营造高品质的建筑，这种对于基本材料和基本建造技术的强调也在西村大院中一以贯之。除此之外，刘家琨还是一位有艺术气质的建筑师。他平时写小说和杂文，艺术家的知己更多于建筑圈的朋友，和杜坚之间的交情已有多年。

杜坚和刘家琨为一场对谈合拍过一张戏谑甲乙方关系的照片——刘家琨是背后的理发师，表情神秘莫测；杜坚则是前面笑呵呵的客人，剃刀正从他头上剃下一缕缕头发。所谓“最好的甲方”，是否就是任由理发师来摆布的顾客呢？在杜坚看来，甲方某种程度上代表了公众的趣味，也就是更多地从使用者、经营者和管理者方面来考虑。即使是知名建筑师，他进行设计的过程也是个人趣味和公众趣味交融和博弈的过程。好的表达是基于对多种因素的尊重，而不是一味地孤芳自赏。

来自甲方的限定都有哪些？首先因为是社区体育用地的性质，要求了建筑容积率小于等于2，限高24米，建筑覆盖率40%。除了住宅以外，里面可以出现一切业态，但要保证有便民的体育设施。既要实现商业价值最大化，也要最大限度造福周边居民，还能体现出刘家琨的建筑设计风格，这就成为摆在刘家琨面前的一道难题。

建一个购物中心的想法很快就被刘家琨否定了。购物中心当然有着对商业最为友好的动线，但它本身超大的体量，会将周围的公共地块都变成衬托中心商业的剩余。人们不会对它产生亲近感，没有人会愿意围绕着一个商场来散步或者锻炼。更何况这个城市已经不缺乏购物中心了，增加出第一千零一个购物中心，将面临同质化的竞争，经营上也未必会取得成功。

于是一个半围合形的建筑结构出现在刘家琨的脑海。四面临街是这块地的特点，并且周边并不是像北京长安街、成都天府大道那样宽阔的大街，而是尺度较为合适的小街。将建筑沿街修成一圈，就能吸引街道上的人流，保证建筑里面商业的活力。原来的游泳馆因为质量不错，保留下来改作艺术中心。旁边剩下的空间不足以盖楼形成一个完整闭合的结构，刘家琨就设计了几组交叉的斜坡，从斜坡可以通向屋顶上一圈的跑道。“小时候大家都体验过上房揭瓦。哪怕只有一层高的房屋，跑到顶上去都有一种凌驾在城市上空的自由感觉。”屋

01

PHOTO by 蔡小川

02

PHOTO by 蔡小川

03

PHOTO by 蔡小川

04

PHOTO by 蔡小川

01
从空中俯瞰西村大院。外高内低的布局反而让它成为一个“反向地标”
02
设计师刘家琨
03
因为外立面上的走廊，西村大院的店铺有种“街铺”一般无拘无束的氛围
04
人们在“造物圈”体验木工技艺

顶跑道再加上空地中心架高起来的二层跑道，形成了长达1.6公里的慢跑系统。连同球场和绿地，构成了可供市民休憩与活动的巨型场地。

刘家琨用“战斗性”来形容这个围合结构。战斗的意思就在于它为市民争取和保卫了一块公共空间。对于一座城市来说，是公共空间而不是私有住宅，使它有独特魅力并构成了宜居理由，造就了一座城市的伟大。然而城市的公共空间总处于不断被蚕食的失落状态：汽车入侵人行道，人们被迫挤在机动车道边跑步；景观最好的地方被让渡给房地产项目，而非公共设施；门禁社区则将绿地资源和健身设施据为己有。西村大院特有的围合结构就将公共空间保护在内部，避免将来其他的工程项目对它的侵蚀。同时这样的结构通过4个过街楼式的入口和北面跑道的架空柱廊连通内外，使得西村大院呈现出一种围合又开放的状态。西村大院虽然占地很大，但并没有破坏周边像毛细血管一样的街道，人们仍旧能够从中随意穿梭。

大院里的公共生活

过去的成都有“东穷北乱，南富西贵”的说法。“西贵”指的是西边多是公务员居住。而地处城西的西村大院周边，最突出的特点不是“贵”，而是“旧”。西村大院位于贝森路社区。据社区主任汪茂颖介绍，社区一共有20个院落，最老的建于1995年，最新的也是2013年完工的，有5个院落还是没有物业的老式小区，全靠居民自治。在西村大院建成之前，社区里连个像样的小广场都没有。与此相对的，是这样0.68平方公里的面积上，有2.7万人居住，人口密度很大。有了西村大院，居民日常的散步和健身都有了去处。

从足球场的使用就可以看出它的便民属性。足球场一共占地面积4000平方米，由当地的足球俱乐部皇家贝里斯租赁下来运营，分割成两块五人制的球场和一块七人制的球场。“皇贝”的相关负责人和我介绍，球场组织了“单飞”微信群，方便附近想踢球的个人组队报名，群里就有500人。再加上业主球队，居民在这里踢球的人数有1000人左右，附近小朋友在这里接受培训的人数则有2000多人。“由于球场是在西村大院的中心，在周围建筑里办公、就餐的人和在跑道上的人都会观赏球赛，使得在这里踢球有种万众瞩目的感觉，就好像自己是球星一样。”正是这个原因，西村大院的球场还吸引了住在成都其他位置的市民。西边还有星工厂、东坡体育公园、武侯足球公园、FF足球公园、海德足球场等场地，面积都比西村大院的球场要大，“西村订场的饱和度可以说是最高的，需要提前一周预订才行”。

即使不进行体育运动，在西村大院里的竹林中漫步也是舒适的。“成都人对植物有种天生的亲近感，喜欢在竹林下活动，就好像大熊猫一样。”刘家琨说。他总去光顾的望江楼公园，从1954年开始引种竹子，是全国著名的竹种质资源基因库。在成都温润的气候中，竹子长得遮天蔽日，人走进去立刻沉浸在清凉的绿意里，喝茶、打牌和聊天，做什么都很惬意。刘家琨也想过营造不同的植物景观，最终决定还是单一栽种成都人情感上最认同的竹子，一共种了23个品种。在西村的竹林中，举办过不少公共活动，比如集体火锅和电影放映。在西村经营有“扫雪煮茶”茶饮店的老板刘琼吉每周都要举办茶会。她发现只要公告发出来说是在竹林里进行，报名就格外踊跃。茶友们聚集在竹林下，有的人抚琴，更多的人坐在茶桌前冲泡品评着各自带来的茶叶。聚会从暮色四合开始，往往要持续到深夜，竹林中只看见点点跳跃的烛光。

刘家琨认为，西方的公共生活会聚在广场，而在东方，街道才是城市的客厅。刘家琨的工作室在玉林，那是他推荐初次来成都的朋友一定要去感受本地生活的地方。玉林是在计划经济和市场经济之交建设的一片街区。并不像之后在城市各处开花的房地产大盘，那里多是由几栋楼来构成的微型院区，也就形成了路、街、巷交织而成的细密肌理。有趣的商业因此在那里留存与发生：年轻人经营的精品咖啡馆旁边就是年头颇久的早餐铺，古着店紧挨着一间串串香，城郊的农民定点推车来贩卖新鲜蔬菜，也有磨剪子菜刀的小贩走街串巷游荡。“玉林的丰富生态是自然生长而成的，关键是街道的尺度成为它们的土壤。”刘家琨说。玉林的生活经验给了他启发。他希望在西村的围合形建筑中既创造出一种秩序，又给商家以自由，最终形成一个具有烟火气的“市井立面”。

刘家琨提供的秩序是一个基本的建筑框架：建筑的外立面上每层都有公共走廊将商铺连接起来，朝向内部的一面则是连续的阳台。店铺统一采用线条简单的铝框玻璃，共同造成一种稳定的视觉效果。这种框架还渗透了刘家琨所偏爱的“新粗野主义”风格，比如整体粗糙的表面、裸露的结构、大尺度的构件、不加修饰的管线等。

刘家琨将他的建筑比喻为“书架”，它包含一些不确定性在里面，目的是让“每本书”，也就是店铺，能够有表达自己的权利。这种灵活度体现在一、二、五层的楼层刻意加高，方便业主在里面搭建夹层，也体现在对悬挂招牌和广告的默许，只要不对其他店家造成影响即可。刘家琨认为这是“设计的民主性”——西村大院正式运营后会进驻不同类型的商铺，建筑师不可能想到它们所有的需求，但又不能放任，使之变成失控的局面。建筑师所做的就是找到强有力的点来做最小的控制。未来使用时，个体自然会生长出多样化的面貌。

泰式海鲜火锅店“生如夏花”是最早进驻西村大院的商户之一。能选择西村来开首店，很重要的一个原因就是对于建筑本身的欣赏。“成都人吃饭酷爱去‘街铺’。街边小店有种无拘无束的氛围，可以在外边支张桌子，三教九流都混坐在一起。第一次来西村看店面，觉得虽然是在楼里，但好像在街边。在里面吃饭喝酒闷了，可以跑到公共走廊上透个气，一边还能欣赏外边的街景。”创始人戢翔这样介绍，“并且也不像商业综合体那样对店家有统一要求的营业时间，逢年过节给员工放假也没问题。”

为火锅店来做室内设计的毛继军在业内也很有名气，他充分利用了刘家琨赋予个体店铺的设计自由：因为火锅店长年排队，并且走廊上会受到天气影响，他将走廊一块空置的公共区域改成了店铺的等候区，不仅火锅店的客人，其他过往游客也可以在里面休息；他还特地让店面向后退，一方面能展现出外立面上有刘家琨个人标识的八角立柱，另一方面将阳台区域包裹进来，客人用餐时就会感觉更靠近竹林自然；店铺中间添加了夹层，但又不是整个二层都覆盖地板，而是留下来空当让空间更加通透。如今“生如夏花”在成都开了8家分店，西村店因为具有独特的用餐氛围，仍然是人气最旺的。

在理想与现实之间

如果询问周边居民，他们对西村大院是否满意，答案多半是肯定的。这里有超市、电影院、餐厅、培训机构、运动场，用社区主任汪茂颖的话来说，在功能上，西村填补了附近没有商业综合体和活动广场的空白。一个遗憾是房顶的跑道在开放两年后暂停使用。主要考虑到推婴儿车的人群和老年人走向上的斜坡容易摔倒，天台聚集太多的人也不安全。在没有好的管理办法之前就全部关闭了。建筑师王辉有一天来成都出差，专门来西村大院想体验下跑道。他发现那天的天台跑道只有付费办活动的健身公司才能用，难免有些失望。好在内圈二层的跑道是始终对外的，不由又佩服起刘家琨在保证场地公共性时想到的周全策略。

不过按照杜坚和刘家琨最初的设想，西村大院不仅能满足和激发社区生活，还应该是成都的地标。从形态上看，刘家琨采用外环内空、外高内低的布局，让西村虽然在高度上没有超过周边的住宅楼，但却是一种不以高度取胜的“反向地标”。他比喻这就好比四川盆地人民一直有的精神状态：“不是我站在高处看别人，而是我站在低处，我成为别人的观看中心。”从建筑承载的内容看，正如“西村”的名字所暗示的，他们希望将西村打造成类似纽约“东村”那样的文化创意园区。在这里所进行公共活动，应当是富有艺术气息和蕴藏创意思维的，这样才和这座打开崭新想象维度的建筑相匹配。

然而最开始引进的文化创意型企业却纷纷离开了西村。杜坚于去年11月突发心脏病去世后，相关业务由儿子杜若希接管。杜若希此前一直参与西村的招商。他提到，最主要的就是租金问题。“创意企业的承租能力普遍不高。西村提供的空间纵深又大，租金就成为压力。比较而言，这类创意企业更偏向租下老旧街区里的小门面，那里的租金大概只是我们的三分之一。”

既然在西村租房子租金高有风险，那么就会折损那些显得有些冒险精神的创意。招商时，他们曾经建议想做咖啡馆的商家不再按杯来卖钱，转而按照时间计费，一定的时间内让顾客去尝试不同的花样，结果被果断拒绝了。“我们也去国外考察别人的创意园区怎么做，因为创意型的小公司都不算太赚钱。解决办法之一是园区的运营方去承担更多服务，小公司可以把人力资源、档案管理等等事务外包给你，这样他们就能节约成本。但国内的创意产业刚刚起步，在实践上跟不上，自持的产业仍然是要依靠租金收入。”

所以最初西村还对业态加以引导和控制，后来担心空置率过高，也就交由市场的力量来主导。西村目前办公和商业的比例相当，商业中培训类公司的数量又格外突出。这是因为西村附近不仅居民多，还离文化宫较近。

05

PHOTO by 蔡小川

06

PHOTO by 蔡小川

PHOTO by 蔡小川

07

08

PHOTO by 蔡小川

05
“扫雪煮茶”定期举办竹林茶会
06
散步、驻足或者发呆，西村大院提供了这样的空间
07
泰式海鲜火锅店“生如夏花”的设计师将阳台区域包裹进来，让用餐客人更贴近自然
08
在西村大院，楼里的人和在中间活动的人成为彼此眼中的风景

文化宫周围有不准办课外班的禁令，教育机构就纷纷搬来了西村，成为一个小规模的产业集群。“西村大院的项目，建筑完成了，但从业态来讲，并不符合我们的定位，因此只能说它完成了一半。”杜若希说。

在这个过程中，仍旧有少数几家文创企业生存下来并不断壮大，杜若希期待着它们可以成为后续招商进行业态调整时的样板。

“造物圈”就是找到了合适盈利模式的一家。从外表看上去，它是一个手工艺体验的集成店，里面有陶艺、精工、木艺、版画等不同部分。但其实背后有两个业务板块来做支撑。一个是做教育输出，和各个学校合作，为他们的手工课堂来供应材料包和教学内容；另一个是产品订制，承担着许多公司纪念品、伴手礼的制作。“我们的收入渠道要比一间小小的‘陶吧’要多元。即使同样是上课，我们走的也是精品的路线，当别的地方团购价格能低到49元一节，我们坚持是180元一节课。这里会有国内外的艺术家来驻场讲课。课程难度也从零基础到不断进阶，都能找到对应。”创始人袁媛这样和我说。

“造物圈”的店就在西村大院过街楼入口处正对着的一座独栋的玻璃房子里。很多人来到西村，走进来就看到这栋房子里有人在敲敲打打，有人在作画，有人在拉坯，他们旁边放着各式各样充满巧思的创作成品。这样形成的对“西村”的观感，和看到一片培训机构的招牌，是截然不同的。

另外一家“扫雪煮茶”的新派茶饮店并没有什么在店铺之外的盈利玄机。老板刘琼吉2015年决定开一家茶饮店时，全无经营上的经验。市场上有传统的成都老茶馆、外卖窗口式的奶茶店和高档的茶空间。她想创造一个介于快消和慢饮的新的饮茶方式。第一次来西村看店，她就觉得建筑很契合她心中“侘寂”的美学。没钱租下好的位置，她在地下一层开了一家33平方米的店铺。她还有当时开业的照片：地下一层其他地方都是黑乎乎的还未完成施工，唯有自家门前一盏悬挂的灯，散发出温暖的灯光，映出天花板垂下的朵朵纸制雪花。她坚持现场烹煮茶叶制作奶茶，纯茶要配备小壶、盖碗、公杯、茶杯、茶巾、冲泡指南等全套上桌，方便操作又有仪式感。在熬过了每天只有两三位客人的前三个月，终于在那年暑假客人数量有了爆发。

尽管如此，所有人都认为刘琼吉能坚持做下来是个奇迹。地下一层之前没有超市，店铺在西村外面也没有导引，顾客能去到店里基本都是靠口碑传播。除了茶饮，顾客认可的还是刘琼吉本人。她会在不打扰客人的情况下和客人聊天，还会在目睹小情侣吵架之后，默默给被留在座位上的女孩子端去甜点。她从2018年起组织茶会，大家除了分享好茶，连带倾诉心事，逐渐茶友又壮大成一个亲密的集体。疫情期间，店铺被迫关门的那段时间里，茶友们会订购她的茶叶产品来支持生意。

就在疫情之后，刘琼吉迎来了一个新的机会——一层有个铺面可以租下来，而西村方面也愿意给予她租金上的支持。她用一种带方孔的长砖来装饰新店铺的门脸，视觉上呼应在西村大院中所使用的一种源自建筑废料的再生砖。“店面的设计草图，就是在杜总去世前一天画出来的，可惜他没有看到。我们想用这种方式对西村大院致敬，毕竟这个品牌是在这里孵化的。”刘琼吉说。未来的西村大院，需要更多这样相互成就的故事。

09

PHOTO by 蔡小川

B01

摄影博物馆下连州

刘畅

09
夜晚的市集，让西村大院的生活有种市井味道

01

PHOTO by 刘有志

03

PHOTO by 刘有志

02

PHOTO by 刘有志

01
连州摄影博物馆
02
夜晚的连州摄影博物馆
03
连州摄影博物馆的一层是露天的U形院落，有一棵在岭南地区很难种植的银杏
04
连州摄影博物馆起伏的屋顶
05
在连州摄影年展果皮仓库景区看过11年大门的本地人胡启坚

PHOTO by 刘有志

04

PHOTO by 刘有志

05

即使放眼全球，在一个偏僻的小城建世界级的摄影博物馆也极为少见。从设计博物馆开始，在一个闭塞小城的环境里，实现艺术与学术的正襟危坐，同市井百姓的通俗自然之间的平衡，便成为不断摇摆、“斗争”的主题。

小城里的异质空间

从广州驱车一路向北，3个小时后，进入像手指一样的山包的环绕里，已是喀斯特地貌。再向北行40分钟，方来到广东最北边的连州地界。40万人口的连州，棕黄的新楼盘，如俄罗斯方块一般高耸，麦当劳有意向入驻这个小城，都在楼盘上挂起条幅，恍若边城。

闭塞小城有着如其他县城一般的野心。有连江从小城蜿蜒而过，那是老城区的所在。中山南路的人造牌楼立在街口，沿街建筑的外立面被整体刷成灰色，仿佛平整的背景板，三四层的骑楼上，窗户的栅栏统一刷着红漆。一望即知，这条被当地人称作“老街”的街巷，如今是一条方兴未艾的仿古步行街。

唯连州摄影博物馆与众不同。博物馆馆长段煜婷带我来到老街中的博物馆，博物馆一层围出一个露天的U形院落，种两棵银杏。开放的院落里，是一组新旧结合的三层建筑，包在院子里，灰白的墙、火柴盒一般大小的红窗户，乃至镂空的花墙如故，楼道和走廊被设计成了现代而肃穆的黑色。新建筑与旧房子相连，建筑立面是混凝土的原色和镀锌钢板的亮银色。错落的楼梯和走廊向老街旁的小道开放，四面八方的住家都可以看到。

博物馆对面的学校把校门开在老街上，学生在午饭后把庭院当作游乐园。而在周末，没有孩子的喧嚣，偶有穿着入时的年轻人结伴而来，在庭院和走廊里互相拍照。如今一层是天然的市井气息，二楼的展厅里，大部分展厅空闲，只有历年连州国际摄影年展的回顾展，停留在2019年。仿佛博物馆只是摄影年展的背景，博物馆的建筑也只是当地的网红地标，悬在小城之外。

只有当86岁的胡启坚来到这座博物馆时，他的穿着和气度，才能在展厅里显出博物馆与这座小城的关联。他是本地人，锃光的头上留着薄薄一层一丝不苟的银发，背着印有“扩张的地域”的白色帆布包，与灰色休闲西装里的文化衫同款。

段煜婷称他“胡伯”。2004年，段煜婷尚在羊城晚报报业集团任《新快报》的图片总监，先前曾经参与过平遥国际摄影节的早期筹备工作，经朋友介绍，与当时的连州市市长林文钊相识，被说服在连州举办国际摄影年展。小城闭塞，段煜婷从广州到连州，要四五个小时。她与平遥国际摄影节创始人之一的阿兰·朱立安联合策展，寻找老城里空间足够大和有特点的建筑。地理的偏僻使20世纪五六十年代建造的仓库、工厂没有被拆除，是理想的展厅。策展人们看中20世纪50年代建造的粮仓、果品仓库和二鞋厂。当年已退休在家的胡伯，经当地施工队介绍，被请到果品仓库看管展品和布展的材料，自此在这里看了11年大门，也住了11年，直到2017年博物馆落成。

胡伯身上“扩张的地域”便是2015年摄影年展的主题，聚焦全球城市高速发展、人口流动和移民潮所带来的社会变化。摄影年展自2005年开始，疫情前每年年末举办，话题都直指当年全球范围内的时代议题。“开幕当晚，策展人和艺术家们会在这里举行盛大的酒会，专家们相聚研讨后，酒会面向全城，有酒、有零食。”胡伯回忆，展览期间，他要巡视展厅，其间听过无数次摄影作品作者本人的导览，光影布局的讲究，他默默记在心里，作者不在时，他也能为客人讲解。“很多摄影师每年都参加年展，他们跟我合影，有人前一年拍，后一年把照片拿给我。”

博物馆落成后，摄影年展仍是其中一部分。年展时博物馆所有灯都会亮起，像小城的一颗明珠。屋顶的露天剧场是年展时办晚会、颁奖的所在。如今白天上到屋顶，屋顶有三个连续的坡面，两个最大的坡面夹出一个露天剧场。坡面的底与旁边住家齐平，邻家窗前晒的腊肉映入眼帘。拾级而上，走到坡面的顶端，小城尽收眼底。

但疫情的影响仍未散去，在2020年之前，博物馆几乎每个季度换一次展览。开展前，各大城市的讲座已开始预热，开幕时，知名摄影师光临，通往广州的穿梭巴士载着美院的学生、摄影爱好者前来。如今这些场景回荡在胡伯的记忆里，“博物馆开馆后，老街上曾有连州老照片的展览，我为游人做讲解，又被人拍照，放到第二年的年展上展出”。

空间融合的尝试

摄影年展的喧腾，令胡伯想起自己小时候老街的盛况。他自小就与父母、弟弟妹妹住在老街旁，几乎在这里生活了一辈子。老街曾是连州当仁不让的中心，与湖南交界的连州靠老街南边的连江勾连四方，四周乡镇的物料在此卸货，连州的物产也由连江而下。

“四面八方的人前往连江，都要经过老街，老街上全是店铺。”胡伯11岁丧父，为照顾弟弟妹妹，上了半年初中便辍学，与母亲一起在家开了间沿街的店铺。背靠江边的生意，胡伯和母亲养活了一家人，直到新中国成立后公私合营，胡伯家的店铺并入百货公司，果品仓库也因此地理位置应运而生。但待1994年开通高速，陆运取代水运，小城的中心也随之西移，老街上鳞次栉比的商铺所剩无多，逐渐落寞。

连州摄影博物馆的建筑师、源建筑事务所创始合伙人何健翔和蒋滢在2014年被段煜婷邀请，进入老街时，他们仍能感到那份寂寞。他们自小在珠三角地区长大，留学归来后，在广州执业，连州唤醒了自己儿时的回忆，“街上可以看到以前随处可见的白铁皮的浇花桶、铜盆，老城里人们之间的联结与大城市不同，一路走过去，理发、打铁、炸麻油、写门联的老店都挨在一起，他们为彼此服务”。

何健翔夫妇与段煜婷相识于十余年前一个摄影展上，那时他们已专注于改造项目多年。留学回国后，何健翔和蒋滢曾参与过大型建筑的设计，却发现在那些项目里，设计只是生产链条中的一个小环节，体现不了多少价值。“比如会议中心是市政府每年‘两会’开会时用的，它的使用要求却只是一些文字，触碰不到很多真实的使用方式。”蒋滢记得，那之后他们便做起独立建筑师，做老建筑的改造项目，他们喜欢保护建筑里蕴含的城市历史，设计时也能与使用方充分交流，充分发挥自己的想法。

他们与段煜婷的重逢，源于连州国际摄影年展举办10年时，连州市政府换届，新市长询问段煜婷如何能将连州“中国摄影之城”的特色更进一步，她提出了一直萦绕在心中的做一个专业的摄影博物馆的计划，并获得了支持。段煜婷想到了身在广东的何健翔夫妇，想到了他们项目背后的融合能力。因为专业的摄影博物馆无一例外都在大城市。大城市有艺术家、有高校、有美院的学生，博物馆在大城市有更多的使用场景。段煜婷曾考虑过广州，广州的用地、资金审批却很难向一个摄影博物馆倾斜。而在一所美术院校都没有的连州建博物馆，潜在的主要观众必然是当地民众，为他们服务是必然的要求，这种要求在建筑上最为突出。

段煜婷找到何健翔夫妇，他们也因能建造一个正规的、数千平方米的摄影博物馆而欣喜，双方一拍即合。他们到达连州时，年展时的展厅和其他废弃的工厂都是备选。那时摄影年展已在当地成为一个节日，但年展一过，果品仓库关门，那时的小学校门也没有朝向老街，老街重归寂寥。

“大家期待用一个天天开门的博物馆，让老街活起来。”蒋滢记得，在当地政府工作人员陪同下，他们与段煜婷和广东省规划院的专家们一同选址，那时粮仓保存完好，改造可惜，二鞋厂距离老城远，最终选定了破损最严重、已是C级危房的果品仓库。从当地政府角度讲，他们希望效益最大，改造最破的，效果最明显。

而选择老街上的果品仓库也包含着何健翔夫妇的建筑理念。当他们感受老街上的声音不是大城市的汽车声，而是最平常不过的聊天，他们触碰到现代城市中人的日常和情感。作为建筑师，他们希望用情感置换大城市的效率，引导博物馆沿着老城的肌理发展，促成老城的复兴，而不是整齐划一的改造。

“果品仓库的改造是最有挑战的，它‘长’在老街里，挖建筑基础时就对周边居民有影响，消防也不好设计，而且老街狭窄，运材料也是个问题。但老街也最有意思，之前果品仓库周围的建筑仍是老砖、老漆，年展期间，许多外国人三五成群地聚在那里，像校园一样，对比特别强烈。”蒋滢回忆，他们夫妇曾反复在老城里转悠，看到20世纪五六十年代的宿舍楼上，曾经整齐划一的阳台，有的住家摆了玉石，有的种了花，有的晾衣服，每一户都不一样，他被鲜活的场景所感动，“一定要让博物馆成为老街的延伸，使老街也成为博物馆的风景”。

他们把博物馆里设计得像迷宫，仿佛立体的街道，让人们在老街上行走的脚步可以在博物馆里延续。建筑上部是海绵体状的空间，分散的楼梯与户外廊道几乎把空间占据了一半，楼梯敞开给旁边的住家，像一件无袖的衣服。段煜婷时常在周末看到一些当地的小姑娘两两成群，在展品前驻足，又在博物馆的一个角落坐下来，聊起私密的心事，“逛博物馆渐成当地一些年轻人的生活方式”。

06

PHOTO by 刘有志

07

PHOTO by 张超

08

PHOTO by 刘有志

06
连州摄影博物馆建筑师何健翔、蒋滢夫妇
07
当地居民在连州摄影博物馆楼顶休憩，那里可以将老城尽收眼底
08
连州摄影博物馆与周围的居民楼

从空间到技术

“主立面下面的灯本来设计要埋在地上的石子堆里，施工后却直接用水泥砌在了地上，成了当地的一个‘特色’。”自疫情打断展览节奏后，段煜婷去连州的次数少了很多。当在兴建了3年多的博物馆内逡巡时，她的关注点与当地人不同，胡伯会因曾经果品仓库的老窗户被原样保留而欣慰，而她则总会注意到现代的展厅门旁边就是再朴实无华不过的铁栅栏，黑色楼梯上已隐约有斑斑锈迹，种种细节令她回想起在一个小城施工时，建筑师把当地的局限当作机会时的创意，以及她和何健翔夫妇需要共同填补设计与实际施工能力之间的鸿沟。

她与何健翔夫妇在空间的使用上反复探讨过多次。对她而言，展览是第一位的，何健翔夫妇最初把二楼的展厅设计成透明的，展品放在展厅中心，四周视野更好，她坚决不同意，因为四周白墙是天然的好展墙，更符合观展的习惯，何健翔夫妇听从了段煜婷的意见。

而在整体的空间策略上，段煜婷遵从了何健翔夫妇的想法。从策展的角度看，展厅应该做成理性的大白盒子，但何健翔夫妇却坚持把展览的空间打散。蒋滢回忆，即便做白盒子，中间的面积也就3000多平方米，形不成使观众停留的内在气氛，更何况连州的老街巷值得远道而来的人细细体味，“平时街上的人站着聊天，路就可能塞车，就像威尼斯。一天之内都有不同的节律，白天小贩卖东西，晚上就换成了学生”。他们设计了三个入口供人自由穿梭，并走入博物馆半开放的楼梯、走廊。

何健翔夫妇以往的项目只需要6到8个月，博物馆从2014年招投标到2017年完工，用了将近4年，其间不断与各方周旋。回想整个过程，对何健翔夫妇而言，却是痛苦与快乐并存，“过去我们所学到的现代主义设计是一种自上而下的概念化思路，从概念到技术、实施，每个环节紧密相连，非常有目的性。而在博物馆的设计施工中，面临各种实际的变化，反而给设计带来了活力和积极的效应”。

连州市政府资金有限，建造占地3800平方米的博物馆，只有1000多万元的预算。何健翔夫妇反倒用旧物和最普通的施工材料，实现了与老城的天然连接。何健翔记得，如今博物馆旁的咖啡馆也是改造的一部分，曾是间旧屋，他们夫妇在工人拆除时发现旧瓦丢掉可惜，就想着要利用到博物馆上。那时全城都在拆迁，施工队在一个月内帮助他们从周边的村镇收集到足够的材料，使博物馆独具质感，在老街上的其他建筑没有被统一涂成灰色之前，与老街浑然一体，“这在大城市几乎不可想象。我们过去在很多城市项目上，也曾尝试这种方法，但因为城市建设中，往往标准、效率、效益绝对优先，几乎不能实现。比如以前我们曾尝试在同一所学校内把一棵旧校区的树挪到新校区，都没有成行”。

除了内表面的半透明PVC波纹瓦是外来的材料，博物馆几乎所有用材都源于当地。蒋滢回忆，在保留的老房子砖墙和新建的混凝土基础上，他们用了镀锌钢板和黑铁皮。“镀锌钢板很便宜，但足够现代，与其他材质的组合，能拼合高高在上的博物馆展品与市井小城的风格。PVC波纹瓦细腻柔和，令建筑的‘内外’产生材质上的反转，为黑白灰的色调带来一丝淡淡的暖意。”

而因为当下建造房屋招投标的方式，当地的施工队既丧失了传统的工艺，也达不到现代建筑的规范，他们会用自己的施工方式。段煜婷记得，竣工前两周，他们发现建好的屋顶有缝隙，未来将会有隐患。可施工队已把脚手架撤掉，屋顶的问题需要重新架脚手架，但包工队却要求另加钱，而政府申报又要漫长的流程，工程陷入僵局。段煜婷和何健翔夫妇软磨硬泡，他们先用口头承诺的方式化解危机，最终博物馆才得以落成。

整个过程中，建筑师尝试着用最简单的材料和建筑手段，努力融合老城的风味、满足建筑要求。蒋滢记得，当地的老建筑都有花窗。当地施工队没有人能做出来，他们就用平时用在停车场地面上的几毛钱一块的植草砖在博物馆的围墙上把它恢复。植草砖中间镂空，不仅通风，街上的光线、目光，乃至烧稻草的味道，都会透进来。

“两张皮”

博物馆建成后，即使没有游客，馆员也在见证老街的“生长”。在庭院里、楼梯下，他们听闻老街上的话题，近两年来总是老街的旧房改造，楼梯上所见，也是因可能的拆迁，旁边的住家里，旱厕变成了化粪池，曾经破败的二楼焕然一新，又加盖起三层，却不过是毛坯，乃至屋顶长满荒草。即便没有更新展览，“逛”博物馆也成了老街居民的日常。博物馆一层的院落有方桌，桌上有牌，博物馆在小学生上课时的寂寥，由邻家老太太填

09

PHOTO by 刘有志

10

PHOTO by 刘有志

PHOTO by 刘有志

11

PHOTO by 刘有志

12

09
疫情之前，世界各地的摄影爱好者来到连州摄影博物馆参观
10
连州摄影博物馆嵌入老城的纹理之中
11
连州摄影博物馆馆长段煜婷
12
连州摄影博物馆内景

补。她们在桌旁打牌，还能在博物馆接水喝。

段煜婷却面露疲惫，为疫情后重启摄影年展和博物馆绞尽脑汁。对于博物馆来说，博物馆的落成和日常的使用只是开始和铺垫，虽然当地志愿者因摄影年展和博物馆走上艺术道路，但在整个连州的层面，博物馆的延续始终需要在严肃艺术和当地的市井审美之间作平衡。

“首届摄影年展前，我们就与政府定下共识，虽然摄影年展本身不盈利，但能够提升连州的知名度，吸引外面的人到连州来，间接促进当地的发展。”段煜婷回想2004年时的顺利，当时的林市长代表市政府与她的合约一签10年。为增加年展的分量，法国文化部提供了保罗·福克斯、G.埃尔罗等四位摄影大师的展品，中国最著名的摄影艺术家也把作品搬过来，自此名头打响。

而为表现摄影年展与当地不是“两张皮”，2005年第一届摄影年展的主题是“从连州出发”，第一届年展开幕前，段煜婷团队里中山大学的学者、人类学家、摄影家寻访连州周边的古村落，发掘木狮舞、舞马鹿等当地民俗，在年展的开幕式上表演。

自那时开始，摄影年展时，连州市图书馆会展览摄影家协会挑选的作品，那是当地摄影爱好者获得认同感的所在。他们对摄影的认知大多停留在“漂亮”上，喜欢拍摄风景。段煜婷记得，“第一届摄影年展时，本地人都没见过外国人，拉着外国人合影、签名。除了舞马鹿的表演大受欢迎，当时与摄影年展一起开幕的还有美食节，那是当地人更喜欢参与的”。

摄影年展对于当地人是热闹而非门道，摄影博物馆却不同，它不仅常年开放，更需要对公众进行艺术教育和知识生产。在办馆之初，段煜婷就定下博物馆的目标——展示当今世界最前卫的摄影艺术、普及摄影史上影响当代摄影的摄影大师、推介中国的优秀摄影师，“甚至博物馆展览的标准更为严苛，每年摄影年展可以展出上百个，而博物馆里推出的中国新人一年就6个左右，他们的水平一定要在未来经得住摄影史的考验”。

如此高的要求下，在连州这种小城里，吸引大众与保持展览水准之间，有巨大的鸿沟。有不同的声音提出：“既然年展已经让人看不懂了，为什么博物馆不展出通俗、漂亮的作品，为何也要如此令人费解？既然如此，为什么不做一个让老百姓得实惠的项目？”

除了连州当地老照片的展览会天然引起共鸣，段煜婷需要说服不解的人们。她记得香港摄影师唐景峰曾在馆里做过一个围绕近代史展开的家族史的展览，展厅一侧是唐景峰的祖辈在新中国成立前优渥的生活，以及英国殖民统治时期，他的叔叔们在香港的生活；另一侧是他自己重回内地，寻访自己先祖故地的照片。两面墙之间，唐景峰做了一个茶室和一本手工书，开展的前三天，他就坐在茶桌后，与看完照片的人聊自己的家史。“参观的人觉得现代的部分是新照片，算是艺术，但‘老照片谁家都有，为什么要挂出来’？这时候就要把家族史的前前后后告诉他们，让他们看到照片排列背后的叙事结构，他们豁然开朗，说‘我也可以按照这种方式讲述我的家族史’。”

更为深远的方式是公共教育。2017年摄影年展结束后，临近元旦，因为连州市民大多来自周围的村镇，一辈子没有照过全家福，于是段煜婷的团队组织他们到馆里来，为他们用传统的方法拍全家福。之后又结合展览主题的公教活动，启发市民用不同于惯常的方式认知世界。段煜婷团队的成员胡若灏对2019年的一次活动记忆犹新。那时展览的主题是“跨越国界”，他们请广州的现代舞艺术家做导师，引导孩子们在博物馆的一块假草地上，集体创作主题为《谁的草地？》的即兴戏剧。一轮抢椅子游戏后，得胜者获得这块草地，宣誓“主权”，为其他孩子进入设置种种条件。当条件难以满足，拥有土地的人陷入孤独，剧情由孩子们即兴发挥。最终，孩子们手拉手围成一圈，把象征权力的服装道具丢下，围在了草地中间。

这样的公教活动自博物馆开馆至疫情前，每个月都有一两次，如今仍没有恢复。胡若灏在等待政府经费的投入，馆内偶有零星访客，博物馆馆员不需导览，几乎只是闲坐。博物馆的天台上，目力所及，能感受到群山的环抱。夕阳西下时，远处“落霞与孤鹜齐飞”，阳光则最终消失在眼前邻家屋顶的盆景下，寂寞的博物馆也在等待。

C01

老西门：在四线城市，选择一种“复杂 算法”

丘濂

湖南常德老西门棚户改造的核心，是解决居住安置问题。但原地回迁，面临巨大的资金挑战。建筑师提供了一种集居住、商业和文化历史于一体的复合解决方案，这在四线城市如常德，是从未有过的实践。长远来看，如果能持续投入运营和维护，这样的复杂算法才最有可能实现社会效益与经济效益之间的动态平衡。

非典型“棚户区”

对第一次来到老西门的本地人来说，这片街区让他们眼前一亮。“常德居然还有这样的地方啊！”他们熟悉城里的商业综合体，也去过仿古一条街，但眼前的老西门似乎无法归类：沿着曲折河道而建的街区，时而狭窄时而疏朗；两侧建筑由灰色、白色和木色构成，让人想起湘西传统民居，又或者旧时沿沅江而建的吊脚楼；有商铺和餐馆并不稀奇，可这里还有工作室、剧场、酒店、历史遗址和小型广场公园；咖啡馆的外摆区域里，有年轻人在对着手机直播面前丰盛的早午餐。不远处则有老年人坐在河边的石阶上，晒着太阳聊着天。他们的家就在街区边上的高楼里。

很难想象十几年前老西门一带的模样。负责该项目设计的建筑师何勍和曲雷还记得第一次来这里考察时的景象。“河道是污水渠，周边的生活污水就直接排放在里面。气味难闻，但是河道几乎看不见，因为上面盖了盖板，再建了层层叠叠的房屋。房屋很多都是木板搭建的，会漏风漏雨，还有火灾隐患。”这片棚户区是隐藏在街巷里的600多米长的一条弯弯曲曲的带状区域。在以往的旧城改造中，改造和开发交给了市场的力量。于是按照“金角银边草肚皮”的逻辑，不同的主体进行“剥皮式”的开发，只将商业价值不高的内芯剩下，这一片就成了一块被时光遗忘的碎片。

老西门是棚户区改造后拥有的新名字，它提醒着人们西门区域在历史上的辉煌。常德的建城历史可以追溯到2200多年前的战国晚期。由于地处平原地带以及背靠洞庭湖区的鱼米之乡，这里成为宜居之地。明清常德城的地图上，明确显示有西门的位置，而且是两座西门。在西北方向的小西门和正西方向的大西门（又称清

C01
老西门：
在四线城市，
选择一种
“复杂算法”

01
PHOTO by 蔡小川

02
PHOTO by 蔡小川

03
PHOTO by 蔡小川

01
常德老西门
02
老西门最为独特的一座“尼莫桥”，形状如鱼
03
常德老西门，晒太阳聊天的老年人

平门）之间，基本就是今天老西门街区的位置。两座城门的设置，说明西边位置的重要。西边的地势高，并且西边是上风口，古时排水和垃圾处理系统不完备，一点点地理优势就很关键。常德过去有俗语“西门的顶子”，“顶子”是顶戴花翎，意思是西门一带集中了达官贵人居住，其中最为显赫的要算明宪宗的儿子。他被封为荣王，荣王府便建在这里。西门附近，还是常德府县衙和书院、府学、文庙等一系列教育机构的所在地。

抗日战争开始后，考虑到城池一旦被攻下便会被日军利用，常德的城墙和城门被主动拆毁。在1943年的常德会战中，西边的有利地势让它成为守军坚持到最后的几个重要阵地之一。老西门至今都保存有一个遍布弹坑的水泥碉堡。受到地面和空中的双重袭击，常德整个城市基本在这场战争中被夷为平地。

新中国成立之后，已经不存在的西门在周边的功能布局上和旧时还有些对应。那时还是常德县，县委、县政府和家属院就在这一片。此外还有供销社、药材公司、花鼓剧团、电影院等单位和宿舍。有一批木板的平房是专门安置退役军人和家属的，属于国有公房性质。随着时间的推移，县委、县政府搬到别处。曾经计划经济时代风光一时的单位退出历史舞台，职工买断工龄后，住宅也就不再有人重视。房子超过50年就会出现各种问题。有能力的人另寻他处安家，老房子出租。一个聚集了中低收入人群的棚户区就逐渐形成。

这片棚户区一直都在常德旧城改造的点位名单上。2011年1月，时任国务院总理温家宝签发了第590号国务院令《国有土地上房屋征收与补偿条例》，这就为棚户区改造提供了规范和支持。政府的平台公司、天源住房建设有限公司承担下了这项任务。当时的领导想用一种新颖的方式来做这块长久以来没有被任何开发商看好的区域，于是专门找到了北京的两位建筑师何勍与曲雷。

其他城市棚户区改造的案例被拿出来讨论。何勍与曲雷还是向甲方贡献了一个特别的方案。在这个方案中，保障居民的回迁依然是要解决的核心问题。但是回迁并不意味着空间优先——棚户区所处的是城市里的黄金地段。是将它全部留给回迁户，仅仅解决居住问题，还是广义地拉开城市视角，还历史与文化给全部的常德人？用两位建筑师的话来说，他们采取的是一种“复杂算法”。

从回迁楼开始的经济账

常德市的旧城改造始于2000年。“常德老的核心城区面积不大，西边到朝阳路，东边到红旗路，北边到建设路，南边就是沅江边上的沅安路。那么为了理顺交通、改善城里脏乱差的形象，旧城改造的起点就选定为这片区域的中心，一个叫滨湖公园的周边。”常德天城规划建筑设计院的杨永贵院长介绍。滨湖公园周边由私人房地产商进行开发，至今仍然被认为是个失败的案例。开发商在旁边拔地而起了若干上百米的高层，容积率达到了5点多。这导致作为城市公园的滨湖公园看上去就像是一个小小的盆景，也仿佛是业主们的私家花园。

原住民的就地安置也几乎从未被纳入考虑范畴。“至少到2019年，常德的房价都在一路上涨。从开发商的角度来讲，给原住民进行货币补偿是最合适的。”天源的总经理钟晓曦观察到常德的房价和米粉的价格之间有种奇特的对应——常德以一种圆粉著称，常德人会用一碗米粉当早餐来开启一天的生活。米粉从2000年初的两块多，到2010年的五块多，再到现在的七块钱。同期房产价格每平方米是米粉的1000倍。货币补偿也减轻了之后的物业成本和商业经营的压力。“原住民会把原先的生活习惯带过来，比如乱扔垃圾、公共空间存放旧物等，都让物业感到头疼。他们的消费能力往往也和新的商业不能匹配。”滨湖公园当时的开发，货币补偿是每平方米2000多元。“常德的城区小，老百姓拿着这笔钱，并不需要到偏远的位置，在城里买一套二手房是没问题的。”

从原住民的角度讲，他们会更倾向回迁到原地，这毕竟是他们生活多年的地方，尤其是当这里又处于城市中心区。但种种原因也局限了他们的选择。“尽管原地回迁和货币补偿这两种方式一直存在，但在590号令之前，并没有要求开发商给出回迁房详尽的图纸。老百姓只知道大概的面积和布局，实际交房真实情况如何，心里是没底的。”钟晓曦说，“还有些没有良心的开发商，看到房价上涨就干脆一房多卖，最后签合同的老百姓没有房住，开发商早跑掉了。”这些负面的故事每逢拆迁改造前，就在民间流传，导致了原住民干脆决定拿钱走人，起码眼前的利益是有保证的。

在老西门的项目里，民生问题被提到了首要位置。何勍与曲雷建议按照原住民100%回迁来设计图纸，这也得到了甲方的认可。80%的原住民过去都居住在50平方

04
PHOTO by 蔡小川

06

PHOTO by 蔡小川

07

PHOTO by

08

PHOTO by 蔡小川

PHOTO by 蔡小川
05

04
半圆形的葫芦口广场是老西门最为开阔的地带，弧线呼应了旧时护城河在这里转弯的角度
05
在“牵手楼”的区域，移步换景的频率加快
06
建筑师何勍与曲雷在钵子菜博物馆中
07
空中露台式花园给回迁居民提供了散步交往的场所
08
回迁楼的外墙，用三种肌理的灰色涂料，带来了水墨画般晕染的效果

米以下的房屋里，因此回迁楼中小户型占到主体。1、2、3号楼都是小户型的房间，有40平方米、60平方米和80平方米三种。为了能最大限度地利用地块，三栋楼都设计成26层的高度，用L形和U形地平面布局以承载最多户数。

每家面积都不算大，每层的住户又很多，怎样能增加舒适性呢？两位建筑师想到在U形的1号楼内设置三个空中露台式花园。而在两栋呈L形相对的楼中心，将一种当地传统“窨子屋”形状的社区中心嵌入。这样一来，居民不仅能够足不出楼地进行活动，原来邻里街坊之间形成的亲密关系也能得到维系。从外观上，何勍与曲雷希望打破一般对回迁房潦草设计的成见——比如外墙用了三种色彩、三种肌理的灰色涂料，营造了水墨画般晕染的效果；即使是公共楼道的窗户，也采用飘窗，以便能够充分观赏景色。

回迁和货币补偿两种方案同时放在原住民的面前。一开始摸底的时候，有50%左右的居民想要回迁。而到了最终签协议时，也许正是因为对住房情况比较满意，90%的原住民都选择了回迁到原地。除了小户型外，经济上可以负担的原住民还能购买另外几处回迁楼里的中户型和大户型。总共设计的1501套住房，原住民购买了1300多套，挑选剩下的则作为商品房再对外销售。

90%的回迁率高得有些出乎天源的意料。“如果是50%的回迁率，回迁楼有可能调整得矮一些，周边街区的商业氛围就会更好。我们也能有更多的商品房来卖。”钟晓曦说。但本质为民生工程的棚户区改造必须尊重民意，开发商需要从其他方面来做平衡。“一线城市，如北京、上海，政府对棚改的补贴较高，这是地方的GDP决定的。而像常德这样的四线城市，就要靠市场化运作来补齐亏损。”

钟晓曦为我算了一笔账：整个老西门的项目一共投入20亿元的资金，其中10亿元用于征拆、8亿元用于建设、2亿元是利息累计的财务费用。中央财政支持4亿元资金，铺面销售2亿元，也就是还有至少14亿元要回本。天源自持的商业物业在6万多平方米，为了控制业态，只出租不出售。如果商业门面的均价估值在3万元以上，那么整个老西门的投入就算是成功的。和老西门相隔一公里的步行街过去是常德商铺最贵的地方，均价最高峰时能达到五六万元。但自从电商发展以来，均价一直在下滑。老西门的商业街区，怎样能够持续保持升值的活力呢？

特殊的商业街区：记忆与情感

独特性是获得商业价值的关键。常德并不缺乏商业街区或者商业综合体，对于城区人口只有300多万的常德来说，甚至是有点饱和的状态。友阿国际广场、万达广场、和瑞欢乐城、步行街……随便问一个常德人，肯定能说出一两个他们经常逛的地方。然而，漫步其中，却会迷失于自己究竟在哪一个城市。

一个有些本地历史渊源的地方叫“大小河街”。历史上的大小河街在城南的沅江旁，因水运而兴旺，沈从文在《湘行散记》中就有过描写。新建的河街挪到了一条名叫穿紫河的内河旁。它是以仿古街道的形式做成了小吃餐饮一条街。在全国，类似的仿古街道也不在少数。仿古建筑往往缺乏历史依据，修得不伦不类。

因此在老西门的项目中，何勍与曲雷不想在回迁楼之外的地块上，建造一片仿古商业街区。“常德在以往的城市建设中未曾注意过城市的历史文化脉络，几乎已经没有具体的物质性的东西保存下来。与其去重造一些已经不存在的建筑，不如像国画大写意一样，注重挖掘地方精神和文化，通过现代的建造方式转化和演绎这个故事。”

如此这般狭长的不规则区域看上去是块十分难啃的骨头，却成为何勍与曲雷施展本领的画布。他们希望在街区中行走，就有如目光在《清明上河图》这样的长卷上缓缓移动，每一个段落都有各自的主题。黑白灰的底色与高低错落的建筑排布是整个街区的基调，“因为这是一种中国传统村落意象的集结，就好像画家吴冠中在水墨江南中呈现的景致”。细看起来，每段又有不同：一进来的“水街”其实是一细溜儿沿水的空间，设计师巧妙地插入一组二层商铺，将人字形的坡屋顶或是乌篷船盖一样的半圆屋顶扭动角度，既有灵动跳跃的观感，又造就了一种自然生长的印象。

紧接着就来到了半圆形的葫芦口广场。晋代陶渊明所写的《桃花源记》中，武陵这个地方就在今天的常德境内。不必刻意营造桃花源的景象，从水街走到葫芦口广场就能感受到武陵渔人所体验到的“从口入，初极狭，才通人，复行数十步，豁然开朗”。葫芦口的名字来自旁边业已消失的葫芦口巷。何勍与曲雷在命名上用了不少曾经这片地区街巷和古迹的名字，“起码在当地人的词汇中它们还将继续存在”。巨大的弧线呼应了旧时护城河在这里转弯的角度，同时形状也贴合了“葫芦”二字。

09

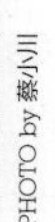
PHOTO by 蔡小川

PHOTO by 蔡小川

10

PHOTO by 蔡小川

11

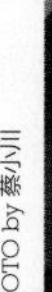
PHOTO by 蔡小川

12

13

PHOTO by 蔡小川

14

PHOTO by 蔡小川

09
窨子博物馆的天井
10
在窨子屋博物馆，建筑师特别注意了细微之处的繁复
11
“窨子屋”形状的社区中心嵌入回迁楼中间
12
钵子菜博物馆
13
止间书店经理诸冰花，她退休之前是常德图书馆的馆长
14
肖剑龙从深圳返回常德后创业经营Not Café

河边的建筑沿弧线建造，并且用了低矮的坡屋面，这就减少了背后三栋高层回迁楼对于整个街区的压迫感。

继而“梦笔生花”和“大千井巷”两组沿着河道相对的建筑，带来的是舒缓的节奏。走过这一段，便来到别名“牵手楼”的区域，它因楼与楼之间距离相近而得名。这里玻璃窗户开始有了颜色，阑干采用了几种不同材质，移步换景的频率加快，仿佛一下子进入了浪漫主义的篇章。现代和传统之间已经完全模糊了界限——二层公共走廊的木窗可以随意推开。吱吱嘎嘎的声音唤起在推老房子门窗的画面。可窗户并不是木制格栅，而是用了一种木块串联的构件来做分隔，完全是现代的手法。

到了丝弦剧场就已经接近了老西门街区的另一端口。改造之前，常德市的花鼓戏保护中心和丝弦剧团就在这里，这是两块牌子一套人马的演出团体，1952年成立至今。“常德市市长去外面参加会议，提起常德对方未必清楚，可是提起‘常德丝弦’，人家就恍然大悟，原来是这个地方！”如何能够以一种新颖的形式来继续发扬本地的非遗文化？几方商议的结果是修建一座剧场，并由剧团和天源共同成立文化公司来运营管理。

常德以前没有一座专门的演出剧场，剧团演出都要借用影剧院的场地。何勍与曲雷设计的这座丝弦剧场，有着三角钢琴琴箱一般的曲线立面，上面以粗细不一的竹钢做装饰，犹如箜篌的竖弦。剧场投入使用后，首场演出的是一出叫《寻常》的舞台剧。它由邀请来的上海团队创作而成，剧团的演员共同参演。《桃花源记》等四个和常德有关的民间故事被套进了一个精巧的现代戏剧结构，又有常德丝弦、花鼓戏和澧水船工号子等地方音乐穿插其中。当时演出的宣传词是：“从此，常德拥有了自己的剧场和专属舞台。”而来自一位观众的反馈则是：“这是我在常德做过最好的一个梦。”

边缘地块中的宝藏

沿河道修建的商业建筑构成街区的主要轴线。这个地块的挑战还在于有一些位于边缘地带的碎片，需要特别设计才能将人流引向这些地方。何勍与曲雷首先将整个街区做成一个向周围社区开放的空间，人们不仅可以从两边的端口进入，还可以从周边的街巷穿入，这就增加了去到这些边缘地带的机会；另外，则在于地面建筑本身的吸引力——你甚至会专门为了它打卡而来。

在三栋高层回迁楼旁边有一块很小的空地，何勍与曲雷便在那里安排了一个窨子屋博物馆。为什么窨子屋的主题反复出现？旁边的社区活动中心和博物馆都用到了这个元素？“窨”通“印”，窨子屋四周以高墙围合，中间有狭小天井，建筑外形整齐如一枚印章。窨子屋曾经是沅江中下游常见的一类民居形式。在常德市里，随着旧城改造的推进，窨子屋已经几乎全部被拆毁。老西门这片棚户区原来有一座简易的窨子屋，不像标准窨子屋是用砖石垒砌的外墙，仅仅是一座木板房。尽管如此，何勍与曲雷认为它的消失仍然是可惜的，这里有必要建造有一座建筑，纪念这种古老的建筑形式，也安放本地人的情感思绪。

和整个街区的设计理念相吻合，这座窨子屋是一个结合现代与传统技艺的全新的创造。以中庭来作分割，东厢完全是现代材料工艺的窨子屋，西厢则是三个庭院串联在一起的老窨子屋。为了“用古人的方法建造窨子屋”，何勍与曲雷多次沿沅江走访小镇与村落。他们发现即使在郊野乡间，标准的水泥房子也早已代替了古老的木构土坯。最后还是在怀化山间一个叫作“八下恼”的村子，找到了两座废弃的窨子屋，只剩下孤零零的高墙。他们将砖全部收购回来，用于窨子屋博物馆西厢房的外墙材料。

窨子屋以简单冰冷的外墙示人，内里却是丰富而温暖的。何勍与曲雷过去参观过那种地方上重修的名人故居，“房子空空荡荡，就是几根梁和柱子，完全没有细节，那些雕梁画栋都省掉了”。于是在窨子屋里他们特别注意那些细微之处的繁复：每一进院落的匾额上都有雕刻，是文人钟爱的“桃花源记”“竹林七贤”，代表着对田园生活的想象；厅堂之间有木制格栅，图案或方或圆，抑或是万字纹与梅兰竹菊的镶嵌，彻底摒弃蝙蝠、寿星或梅花鹿那样蕴含世俗寓意的版本。以往的窨子屋里昏昏暗暗，采光并不好，何勍与曲雷分析是由于格栅下的木板太高，挡住了光亮。他们干脆用通体落地的格栅，让现代人走进去能嗅闻到古老的气息，但在感官上又完全适应。

另外一处原来是药材仓库的位置也十分偏离沿河边的主要街区。既然街区里一定会有餐饮，用餐会是目的性的消费行为，设计一个和常德餐饮文化相关的钵子菜博物馆的想法就萌生出来。钵子菜是常德和米粉齐名的美食。常德的气候冬春阴冷，夏秋湿热，将火炉和咕嘟咕嘟沸腾的锅子一起端上桌食用，能够驱寒去湿。何勍和曲雷想象，未来的钵子菜博物馆底层可以有烧制钵子过程的讲解和体验，用餐则在楼上。

这是整个街区里从颜色到风格最为跳脱的一个建筑。钵子菜博物馆就一定要放置一个巨型钵子吗？建筑师展现的是将它转化成抽象符号的妙趣——建筑通体是红色的，是用一种保温材料和混凝土混在一起所呈现的颜色，既引人联想到钵子的陶土原料，也和药材仓库残余的红砖墙相一致。房顶上耸起来的一个个烟囱一样的设计，是透光的天窗，也用于通风。何勍发现这座博物馆建好之后，即使还没有使用，人们也很乐于从中庭穿过去。“钵子是一种从天然到天然的材料，会让人产生一种情感的连接。幻化出来的建筑也是让人有亲近感的，想要用身体去丈量，用手指去触摸。好的建筑是具有日常性的。”

“复杂算法”奏效了吗？

恰恰因为老西门这样集合住宅、商业与文化历史的街区在常德是独一无二的，它吸引到了以前常德从来没有的文化创意类的商业形态。比如2017年年底从长沙开过来的一间“止间书店”。这样集合图书、文创和简餐的书店在一线城市比较常见，但在常德是第一次出现。“本地的书店都是靠卖教辅类图书生存的，我们则坚持只卖人文类书籍。”总经理诸冰花介绍到。靠着单位团购图书来获得收入，精简店员、每位都身兼数职来控制成本，再加上政府每年有十几万元的补贴，书店现在基本能做到收支平衡。

诸冰花原来是常德图书馆的馆长，被聘任为书店经理是她退休后的职业。她担任馆长期间，首创了可以按照读者需求来采购的“点书”服务，还创立了读书会。读书会每年都会举办春节联欢会，让读者自己来编排话剧，在这个过程中不断强化纽带联系。这批读者后来很自然地也就成了书店的忠实顾客。“常德是个小地方，但并不缺乏热爱阅读和交流的人群，他们更希望阅读能帮助他们看到广阔的世界。关键在于发现他们，并把他们组织起来。”

另外一家名叫“指上听”的从事传统文化教学的茶书院也是2017年就落户在老西门街区的一家文化机构。“以前我和几位老师在常德每个人都有自己的领域，像是书画、古琴、茶艺、插花等。当我们想整合在一起，来做一个融合授课、雅集和展览为一体的空间时，就选择了老西门。”创始人卜婕这样说。指上听的学员多是女性。按照卜婕的说法，常德生活节奏慢，人们平时都准点上下班，更有闲暇时间去培养自己的爱好，类似的机构也就挺有市场。

然而这些文化创意业态还是像珍珠一样散落在街区，它们只占整体业态的20%左右。老西门最主要的商业还是餐饮、娱乐休闲和儿童教育培训，这和建筑师所想象的具有人文气息的街区并不相符。这一方面和本地人视野和能力的局限相关。招商负责人告诉我，本来一个计划是让一些“非遗”手艺人在老西门设立工作室，希望他们能够研发出一些能和市场相对接的新型文创。但本地手艺人还都停留在传统手艺的继承上，没有这样的思维。

一些客观因素也限制了老西门的商业活力。拆迁补偿谈不拢，至今老西门的一个入口还有一小片原来的商业建筑没有拆完，这就造成了本来要建设成小广场的地方现在只有一条小巷通行。整个老西门也是深藏在街巷当中，无论停车还是打车，都不如四面临街的商业街区便利。天源更换领导后，对老西门的日常运营投入急剧减少，从一年几百万元缩水到一百万元不到。卜婕就和我抱怨，刚入驻时老西门会有水上表演之类的活动提升人气，商家也有机会进行展示和联动，现在运营方则除了来收物业费，基本不会和商家打太多交道。

目前老西门的商业价值尚未发挥出来。一层门面的租金已经从2016年第一期开街时的每平方米120元，下调了一半。与建筑师何勍走在街上，她会感叹老西门为了招商所做的牺牲：很好的位置被租给了餐馆。看着用餐时间人流量很大，但其实是目的性消费，不能持续带来人流；一些质量粗糙的瓷器居然也有铺面在卖。“这其实是委屈了自己。他们缺乏自信，不知道老西门这个地方有多么特别。”

招商一方用“超前”形容老西门街区的设计。在他们看来，本地的商户和消费者的水准似乎无法与建筑师的理念相匹配。但这涉及两个问题：提供一种前瞻性的方案是否更有意义？并且，从止间书店和指上听的成功来看，常德就一定缺乏能够欣赏和使用它的人群吗？

一个有意思的现象是，正有越来越多的年轻人发现了老西门。这和年轻人近年来逃离北上广、返回老家生活就业的趋势相关。在老西门经营有Not Café咖啡馆的肖剑龙就是这样一位。肖剑龙上大学时离家，毕业后在深圳做平面设计师，前前后后在外面打拼了10年。决定回到常德，是考虑到深圳的房价自己很难负担，父母年纪大了也需要照顾。“常德的产业不够发达，年轻人回来很少到公司上班，多是考公务员进入体制，或是自己创业。2018年，经过了大半年的考察，他和另外两位有着相似返乡经历的朋友一起，决定开家咖啡馆。”

“我们最终定下的特色是特调咖啡。常德人基本没有日常饮用咖啡的习惯，喝奶茶的倒是人数众多。甜味的特调咖啡能降低咖啡的接受门槛，也是他们走向更专业的咖啡鉴赏的过渡。”肖剑龙说。Not Café开在葫芦口广场旁边，“应该是常德唯一一个能够拥有外摆区的咖啡馆”。肖剑龙这一次是自己来为自己做设计。“虽然钢板构成的旋转楼梯和圆形操作台，本地施工队没有做过的，要和工人一点点沟通很花工夫。”但这些视觉元素，再加上店面绿松石的清新配色，都让它成为老西门一道别致的风景。

因为Not Café的出现，老西门也形成了一个小小的关于咖啡馆和甜品店的聚落。在不远处，一家服装买手店和咖啡馆的集合店马上就要开业了。老板同样也有在大城市生活的经历，把这种正在流行着的模式带回了常德。看了一圈店面后，他选择到老西门来落脚。仿佛气味相投的朋友，一番兜兜转转之后，最终依然能够找到彼此。

D01

“绿之丘”：

未来之丘

→

 刘畅

一个20世纪90年代的烟草仓库在上海的杨浦滨江，被“削”成一个“空中花园”。从封闭的生产空间向开放的空间转变的背后，是对城市规划用地陈规的挣扎和突破。

“削”出的花园

在平直、舒朗的上海杨浦滨江南段中央，近5层楼高的“绿之丘”仿佛空中花园。每层的方形房间逐层递减，错落有致，又有伸出的环形廊道悬在半空。混凝土的灰色都被绿意包裹，面朝街道的一侧，风车茉莉爬成一面花墙；在沿江的一侧，每个格子前都有树和花草。而在“绿之丘”的中心，双螺旋楼梯之下，则是一株繁茂的丛生朴树。

“每一层都有铁链子垂下来，那是引水的装置。下雨时排水，用水管不雅观，用铁链把水引到下面的水槽里，不仅美观，还能直观地展现水流的过程。”同济设计集团原作设计工作室副主任建筑师秦曙介绍着建筑中不为人知的巧思。夜晚的“绿之丘”在绿植下泛着柔和的白光，它处在安浦路与宽甸路的交界处，是周围离江最近、最高的建筑，站在走廊上西望，黄浦江尽收眼底，一直可以看到东方明珠。

秦曙记得2015年来到江边考察时，“绿之丘”的前身给他带来的逼仄感。“绿之丘”的前身建于1996年，原是烟草公司的机修仓库。那时比现在高5米有余，是个高30米、长100米、宽40米的六层大方块，方正的瓷砖贴面的矩形体上，均布着工业建筑常见的长方形高窗。

工厂厂房在黄浦江岸线东端的杨浦滨江并不少见，绵延15.5公里的杨浦滨江作为自上海开埠以来最集中的工业区，有大量工厂，举世罕见。工厂建在沿岸的码头边，工人宿舍则在厂区的背后，远离黄浦江。随着几十年来上海的工业转移、工厂搬迁，杨浦滨江的工厂衰落，成为上海中心城区的“工业锈带”。

自2002年开始，上海市提出“还江于民”的战略，将生产性岸线向生活性岸线转变，把曾经是码头、厂房的沿江地带还给普通市民，塑造公共空间。当秦曙所在的原

01

02

03

04

01
位于上海杨浦滨江南段的“绿之丘”
02
“绿之丘”的前身：烟草公司机修仓库
03
原作设计工作室主持设计师章明
04
站在“绿之丘”环形走廊上，可以远眺黄浦江江景

05

PHOTO by 蔡小川

07

PHOTO by 蔡小川

06

PHOTO by 蔡小川

05
绿之丘
06
傍晚的“绿之丘”泛着暖光
07
“绿之丘”的内核，双螺旋楼梯下的丛生朴树

作设计工作室参与5.5公里长的杨浦滨江南段改造时，与黄浦江流向平行的安浦路尚未贯通，正好修到仓库所在的位置，被仓库拦住。烟草仓库距离江岸不到10米，巨大的体量又显得尤为突兀，而相比周围少则五六十年、多则百年的旧厂房，仓库既无建筑特色，也无文物价值，原本应予以拆除，在规划之中，已被道路和绿地分割、取代。

“但我们当时的理念是，能少拆就少拆。”原作设计工作室主持建筑师章明回忆，虽然杨浦滨江的旧厂房众多，可是当他们参与规划、设计时，已有许多老厂房被夷平，公共空间按照惯常的“滨水景观”模式修建，基本都是线型流畅的曲线路径、植物园般几百种植物配置、各色花岗岩铺装的广场台阶与步道、似曾相识的景观雕塑以及成品采购而来的景观小品，与大量高档的小区、写字楼、酒店的门口无异。而他们希望对城市做有机的更新，遵循“原真叠合”的理念，在城市旧有肌理上改建新建筑，“就像是底片叠底片，每一层都有痕迹”。

烟草仓库也具备这样的条件。章明介绍，它处于滨水公共空间的沿江带和向城市指状渗透的交点，可以天然地成为连接城市腹地与滨江公共空间的桥梁。而且，烟草仓库两侧是连续的工业景观，西有东海救援局，东有明华糖厂，若烟草仓库被夷为平地，连续性就被打破。更为重要的是，按照城市绿地的规划标准，只能有2%的建筑占地，建筑高度也只能在8米以下，拆除后既无法建起如此高大的建筑，也无法满足公共空间中的基础设施需求。

虽然烟草仓库被规划拆除，甚至本身都没有“身份”，章明的团队仍希望将其改造为集城市公共交通、公园绿地、公共服务于一体，被绿色植被覆盖、连通城市腹地与滨水公共空间的城市多功能复合体。章明作为上海市规划委员会城市空间与风貌保护专业委员会专家和杨浦滨江南段空间总设计师团队的一员，在杨浦滨江的改造中，其专业意见会受到重视。而作为甲方的上海杨浦滨江投资开发有限公司（后简称“滨江公司”）同样支持他们的设想。该公司副总经理钱亮介绍，作为一家国有企业，公司是杨浦滨江建设、管理和运营的主体单位，董事长同时也是滨江开发指挥部办公室的常务副主任。经协调沟通，政府相关部门也认可保留原有建筑并改造的想法，在路口的节点上，为市民留出一个可以登高的公共空间。

“烟草仓库的性质被认定为‘公共管理用房’。”钱亮记得，原本规划中杨浦滨江的管理用房比例约为2%，五六年间，随着社会对历史建筑保护理念的加强，为保留类似的建筑，“管理用房”的比例已大大超支。对烟草仓库来说，这不仅是权宜之计，也能发挥实际功能。因岸线开放而拆除的水上公安、消防、武警等职能部门的用房需要就近安置，乃至配电间、区域级开关站、防汛物资库等市政公用设施也需要安置，烟草仓库的位置恰好适合。烟草仓库最终成为“保留建筑”。

工厂的生产空间结构整齐，框架结实，改造成生活空间并不难。章明的团队对烟草仓库首要的改造是“削”，从城市空间的尺度，减少高楼层对在江边穿梭人群的压迫感。烟草仓库被“削”掉50%的体积。首先去掉顶层，高度降到24米以下，以满足“多层建筑”消防规范。原有围护墙体也全部拆除，切割后的梁头、切割的痕迹、斑驳的粉刷面被剥离后的痕迹，都被保留。其后，面向西南和东北方向层层削切，形成层层跌落的景观平台，一面消解建筑对滨水空间的压迫感，一面引导城市空间向滨水延伸的态势。在北面还新建一个斜坡与烟草仓库相连，自然过渡到北侧的杨树浦路。水上职能部门安置在斜坡中，斜坡上形成约4000平方米的大草坡。

“在‘绿之丘’上种树时，为保证土层厚度和稳定性，要把种植区域的楼板都切掉，确定土层厚度后，再重新浇筑一块与原来梁底齐平的楼板。”秦曙细数他们把“绿之丘”染绿的思考，“大部分植被选择的是本地的狼尾草。秋天的狼尾草能长一人高，夕阳下有金黄的穗”。

道路之上

“我希望我们的城市可以像丘陵一样，它在形态上起伏平缓，以密度换取高度，让城市生活的重心从高空重返地表。”章明的办公室里有一个“绿之丘”的模型，透明的长方形罩子是原先烟草仓库的模样，木质模型则是如今“绿之丘”的模样，前后的变化一目了然。作为同济大学景观学系教授，他将实践当作学理上的实验。“绿之丘”是“丘陵城市”的一部分，在平缓的“丘陵城市”中，规划图里代表商业区、道路、居住区的色块在丘陵上变得斑驳，形成边界模糊、相互重叠的马赛克。不同功能之间相互联结，人们可以自由地游走其间。“绿之丘”正是这一理想城市理念的写照。

在“绿之丘”，最重要的功能重叠源于建筑下横贯而过的安浦路。因为道路用地是红线，道路和道路上方都归市政管辖，原则上红线之内不允许有任何其他建筑，

PHOTO by 蔡小川

08

PHOTO by 蔡小川

09

08
“绿之丘”将原上海烟草公司机修仓库做了“减法”，兼顾景观和交通功能
09
上海杨浦滨江投资开发有限公司副总经理钱亮

这会触及建筑标准和管理权限的制度框架，直接关系到“绿之丘”的存亡。而也是在这条路上，章明的团队与开发商，乃至区级政府，实现了制度突破。

为向规范看齐，章明的团队最初提出把“绿之丘”当作一座廊桥的方案。“因为规划中安浦路两侧都是城市绿地，市民在绿地之间跨越道路既不方便，也有危险，不如留一座桥。”为了采光，使司机驶过“绿之丘”时不至于感到忽明忽暗，建筑在道路上方的部分要掏空。他们最初设计沿着红线，把道路两边的部分建筑都切掉，干干净净地切出一个断面，然后用有别于混凝土的材质，做一个醒目的桥。“绿之丘”其余的部分相当于一个桥屋，“桥屋有各种形态，也可以封闭起来，供行人遮风避雨”。

不过，他们最终认为保持建筑的整体性更为重要，决定只卸掉烟草仓库中间的四根柱子，把道路上空的部分掏空，设计成双螺旋的楼梯并种下一棵树，既保证车辆的采光，又塑造了“绿之丘”的核心，周围仍保留原有结构，市民自然穿梭，感受不到下面的街道。而开发商与政府方面负责杨浦滨江改造的浦江办权衡利弊，在认定烟草仓库的价值后，也认同他们的想法。时任浦江办主任的刘安认为，虽然原则上道路上不能覆盖建筑，但他们按照修建道路所必需的实际功能，来衡量保留的方案是否可行。

“按照标准，道路上的净高要在4米以上；单条道路的宽度在3米以上；为保证安全视距，车辆在路口的视野要达到45度以上。”秦曙回忆，设计方案在2017年定稿，当时道路贯通的压力大，时间倒逼得很紧。当时他熬夜多日，与道路专家协调，研究方案。因为拟建的安浦路与烟草仓库在平面上垂直，相交位置正好处于既有建筑的居中部位。建筑一层的原机修厂房层高7米，远超4米，同时柱跨净距超过4.5米，路口的视野也足够宽，这些条件都足以满足车行道的要求。而且，他们在烟草仓库的基础图中发现，他们希望伫立在道路中间的柱子下有承台，承台下又有三根桩，与承台相距2米，把土挖到承台的底标高，正好能够把市政要求的1.3米深的排水管埋进去，一切都严丝合缝。

当秦曙把带有每一层植被标识的“绿之丘”南北剖面图呈现给刘安，“绿之丘”的功能，滨江公共空间与城市腹地的关系一目了然，他们的方案得到浦江办的全力支持。刘安记得，工程本应审过蓝图后才能施工，因为方案不符合常规，设计院有一次不肯出图，出了白图，他就在白图上签字，主动承担责任。同样因为不合常规，为减少规划审批的阻碍，在有大量工业厂房需要改建、扩建的情况下，他们提出以“特种装修”立项。以不动主体结构、保证安全为前提，满足消防及水、暖、电等系统的规范要求，改造一些结构。

除了挖出中庭的改造，章明的团队还改造了烟草公司的供水线，最终的效果超过预期。在如今的“绿之丘”侧面，安浦路贯穿的路口，可以看到巨大的管线贴着“绿之丘”的外壁绕过道路上方。“那是建筑的供水管，一般的建筑都要求供水管在地块内环通，这样从道路上绕过的做法，也是与供水公司协调后的一种设计突破。而相比桥梁，仓库里有许多柱子同时受力，实际上更稳定。而且建筑更宽，还在柱子周围设置了防撞的中岛，即使有事故，车也不会直接撞到柱子上。”

“绿之丘”在用地性质不明的情况下落成了，章明记得那时业内的惊讶：“以前在淮海路上为了打通商业，用连廊把几栋楼连起来，没有柱子，区里的书记都协调不了，市里的秘书长找副市长出面协调，特批后才成行。”“正常城市绿地中要求70%的绿化率，公共空间一般可以宽松到65%。‘绿之丘’层层叠合的结构，使每层都有绿植，叠合处的灰空间也能种上喜阴的植物，总量上与规划的要求持平。因为本不需要绿化的道路用地上层也有公共空间，也栽了绿植，绿化总面积便超出了规划要求。”

但“绿之丘”建成后，附着在土地性质上的管理权仍经过了一番协调。“柱子上的防撞条和限速标都是交警来贴的。”道路的管理权归交警，道路之外，包括道路之上横穿道路的部分都归开发商的物业公司管理。2019年10月工程收尾时，为明确边界的缓冲地带，交警要求“绿之丘”通向道路的部分都放置绿植装饰。“道路上的二层是朴树，人可以通行，用网子兜住，保证道路透光。按照规范，网的缝隙小于3厘米即可，但交警担心人走在上面会有硬币掉下来砸到车，要求一定再加一层细网。”

设计师参与的运营

现在安浦路在“绿之丘”的路口有一个红绿灯，汽车早已正常通行。一路向东，受到“绿之丘”的启发，不到一公里外的上海中心城区最大的厂房也将采用道路从中贯通的形式。但受疫情的影响，“绿之丘”在朴树旁和螺旋楼梯上都设有围栏，北侧的斜坡目前无法通到安浦路以南，“绿之丘”处于半休眠的状态。只有沿江的一层开着一间咖啡馆，沿江跑步的游人可以从南侧上楼梯在“绿之丘”眺望江景，但二层以上原有的混凝土空间里，装成封闭式的玻璃房间却空空如也。

钱亮对此毫不讳言。因为疫情使过往的活动尚未步入正轨，开发地块尚处于建设期，新企业还没入驻，而原有的老的居民已基本动迁出去，目前大部分人流仅限于游客。即使“绿之丘”一层的咖啡馆为游览滨江的市民提供坐下来休息、聊天的必备功能，但是否长期租给某个品牌，仍是需要反复考虑的事。在他看来，杨浦滨江真正热闹起来，还需要两三年的时间。“滨江公司在2013年12月30日成立，经过收储土地，贯通沿江一线，开放公共空间，对部分老厂房做保护性修缮，近两年的主要工作已是‘功能引入’，‘绿之丘’上的品牌需要符合对杨浦滨江的定位。”

钱亮的办公室里有一张杨浦滨江的规划图，他向本刊记者指明“绿之丘”周边的规划。因为杨浦区有10所高校，约30万大学生，本身是上海科技创新中心，着力吸引互联网企业。在“绿之丘”所在的杨浦滨江南段，当前荒芜的地块上，未来将分别建起字节跳动、B站和美团等大型互联网公司的总部。年轻人以后会充斥这个区域，前卫的文化可以吸引他们从城市腹地走到滨江。

而作为历史悠久的工业区，上海制造的55个老字号里，从香皂到自行车，有近一半都集中在杨浦滨江，包括1882年建成的天章造纸厂，1896年建成的英商怡和纱厂旧址，1900年建成的上海船厂、上海毛麻纺织联合公司。工业文化天然成为吸引人前来杨浦滨江的理由。

“因此，杨浦滨江的公共空间要有一个文化的核心，空间由设计师打造，艺术家营造氛围，引入能走通商业逻辑的文化品牌。”钱亮此前负责收储土地的工作，每到一家工厂，他都请当地工人讲工厂的历史，甚至腾出一个仓库，专门收集拆下的旧零件和机器，供改造时使用。两年前，他和团队开始负责运营，“像‘绿之丘’这样的体量，里面既可以有书店、咖啡馆，做一些展览，也可以放一些快闪店，吸引市中心的年轻人来此社交”。

章明对钱亮的想法一清二楚，不仅因为他仍在杨浦滨江有项目，更因为他与滨江公司的合作模式突破了建筑师只负责设计的固有格局，他深度参与到“绿之丘”的推广、使用之中。

章明提到，滨江公司最初并未过多考虑“绿之丘”的用途，“先做出来再说”。他的团队曾做过一份关于“绿之丘”的任务书，原则上希望作为公共空间的“绿之丘”，以展览和社区教育的功能为主。“空间可以多变，比如做一阵建筑展，再做一阵插画展。”章明也在里面办过建筑设计展。而在“绿之丘”完工的2019年，杨浦滨江南段举办上海城市空间艺术季，他作为艺术季总建筑师，把三大驿站中的一个设在处于居中位置的“绿之丘”。日本艺术家浅井裕介在“绿之丘”正南端的码头创作百余米长的地画《城市的野生》，只有站在“绿之丘”的环形廊道上，才能一窥地画的全貌。“一层的咖啡馆也是那时引进的，当时觉得那里必须有一个咖啡馆，如果没有人开，我们开都可以。”

建筑师与开发商对“绿之丘”的使用没有过多分歧，但钱亮仍时常把章明的团队请回“绿之丘”，做更完善的改造。在设计阶段，他们充分尊重设计师的想象力和专业优势，只要符合建筑规范即可。在使用过程中，再谋求建筑师的理念与使用者需求之间的平衡。“比如黄浦江边冬天很冷，那时在‘绿之丘’上站不住人，正在研究是否为混凝土格子安上玻璃罩。”钱亮说，他们在改动时会尽量保持原有的设计风格，会把建筑师请回来。“‘绿之丘’的楼梯、走廊都符合建筑规范，却有人拍照时摔伤过，为了保证绝对安全，还要增设围栏，但普通的围栏会影响原设计师的理念，正在考虑装玻璃栏杆。”

类似的平衡也在制度层面暗暗发生。因为土地用途至今悬而未决，产证尚未办理，包括“绿之丘”一层的咖啡馆在内，杨浦滨江南段上，在旧工厂的部分建筑或装置里开的商铺，都是滨江公司请所在街道做的临时备案，一年一备案，通过街道的不断“背书”和优秀的口碑获得合法性。“杨浦滨江去年被评为全国六个首批文物保护利用示范区之一，其他五个是北京的三山五园、苏州园林、延安、抚顺军港和四川的三星堆。”钱亮希望通过“杨浦滨江生活秀带文物保护利用示范区”的创建，倒逼政策，最终取得建设、管理和运营全方位制度上的突破。

E01

社区花园：

居民 自治

黏合剂

→

刘畅

上海的一块隙地中，一个设计师团队用居民共同经营的社区花园，撬动居民自治的凝聚力。在把共治的花园“播撒”进众多社区的过程中，可持续的运营是对居民自治精神的考验和锤炼。

隙地中的公共花园

在上海东北角最有小资情调的大学路，沿街的餐厅把生意延伸到街上。从坐在室外看街景的食客身边走过，大学路稍稍向北，一个繁茂的花园卧在路旁，五彩斑斓，像微缩的城市公园，与街区的精致若合符节。

它是夹在两个社区之间的创智农园。走近后却令人惊异，2000平方米的农园并非城市公园的压缩，公园的景致比它规整得多，植被也远不如它丰富。最南面低矮的围墙上绘着鸡、鸭、鹅的涂鸦，自南向北，有长满荒草的荒地，有蝴蝶花园，有在浴缸里种的植物，有由本地植物构成的小丛林。一个沙坑里，游乐场和集装箱改装的小蓝屋将农园一分为二。再北面是“一米菜园”，蔬菜在38个一米见方的格子里更显野趣，甜菜粗壮的红色叶脉如暴起的血管，油菜籽像每一根爆炸式头发上都挂满豌豆荚，毫不讲理地漫出格子。

农园的每个部分都由碎石子路连接，路两边是蚯蚓塔，将沿途搜集的狗粪分解为肥料。我回到农园中心位置的小蓝屋，上海四叶草堂青少年自然体验服务中心（后简称“四叶草堂”）三位发起人中的两位——刘悦来和魏闽正在里面筹备数日之后的社区花园节。小蓝屋里有咖啡茶吧、休闲桌椅，俨然自然教育公益组织的工作场所，置物架上陈列着种子，形成一个小型的种子图书馆，周围有适合小孩子用的桌椅，小桌上有各色彩笔。

“碎石子路是所有的松散材料里最便宜的，每平方米30块钱左右，既便于渗水，更重要的是，能很容易地把它们扒开，弄出一块新地，供大家做活动使用。”魏闽向我介绍设计背后的考虑，她是农园的创始人之一，他们将“共同参与设计、建造”的理念融进每一处景观。“小蓝屋旁边的游乐场是设计师组织周边社区的孩子

01

PHOTO by 蔡小川

02

PHOTO by 蔡小川

PHOTO by 蔡小川

03

01
四叶草堂的创始人范浩阳、魏闽、刘悦来（从左至右）
02 / 03
淞沪铁路旁的“火车菜园”，它是社区花园的实验基地

们自己搭的，沿途的标识牌是孩子们画的，'一米菜园'也是由周边的老人或是家长带着小孩子认定的。"

魏闽是同济大学建筑系出身，农园的设计主要由她完成。她惯常的工作本应是接下任务、设计图纸，却在这里创立上海第一个城市开放空间中的社区花园，也做筹备活动、组织用户参与的工作。这源于2015年底，当地的瑞安集团与她和刘悦来、范浩阳创办的四叶草堂的相遇。

这里本是夹在政立路580弄小区和江湾翰林小区之间的一块隙地，由大学路的开发商瑞安集团代管。虽是城市绿地，却是建筑垃圾成堆，经常遭到市民投诉。2015年，瑞安集团决定将这块荒地利用起来，增加社区间的互动，在已经委托其他设计公司做前期设计的情况下，来到四叶草堂在淞沪铁路旁一块同样堆满建筑垃圾的防护性绿地上建造的"火车菜园"。

"那是四叶草堂用自然设计的方法做的第一个真正意义上的社区花园。我们收集当地草屑、树木等材料，再种上适合生长的植物，由人类干涉的多寡，划分为生活区、菜园区、食物森林区，直到荒野的自然保护区，成为一所自然学校。周边园区的人可以来此种菜、收菜，小孩子可以观察鸟窝、动植物四季的变化。"魏闽虽是建筑师，对植物却如数家珍。她有孩子后，为了让孩子能有更好的成长环境，密切关注自然。2010年，通过同学范浩阳找到他们的师兄、同济大学景观系的刘悦来，后者在18年前读博士期间，便深入关注社区花园，希望通过"大家一起种东西"的形式，拓宽社区居民参与的空间，改变自20世纪末以来，在全国大规模旧城改造、拆房建绿过程中，市民只能被动接受由权力和资本塑造的市政产品和地产景观，乃至造成公民利益与政府、开发商的利益纷争不断的局面。他们一拍即合，先后成立泛境（Pandscape）设计事务所和四叶草堂。

瑞安集团对"火车菜园"很感兴趣，当时的政策也支持。2015年上海出台《上海市城市更新实施办法》，提出"城市有机更新"的概念，"以人为本的空间重构和社区激活"，转变以往政府、资本主导的大尺度空间生产的方式，为人性尺度的空间营造让位。上海市绿化局由此提出"居民绿化自治"的概念，其下属的杨浦区绿化局作为主管部门，也允许社会组织营造、运营这片公共绿地。而对四叶草堂而言，虽然"火车菜园"获得了认可，但它毕竟远离社区，平时又封闭，类似的花园在一个开放社区里能否正常运转，既不能令政府和开发商信服，也不能说服自己，创智农园正好是一个实践的机会。

"为把农园做得有趣，我们把行道树改成无患子，它的果实成熟后能做香皂。最初的设计也主要是对植物做调整，种植一些乡土植物和果树，吸引孩子们前来体验自然教育。"魏闽说。初始资金比较紧张，为了省钱，他们团队淘二手市场购置家具，从农场拉种苗，自己动手修建花园、种植树木。场地内有堆肥箱，可以实现肥料的内部循环。"挖掉建筑垃圾后，回填的50厘米厚的土是灰白色的黏土，并不适合种植，我们用了很多方式改良土壤，才使其变成如今的黑色。"

设计一个农园，与维持一个农园整年的运转，保持四季植被的整齐、稳定不是一回事，而他们当时面临的更大挑战还是24小时开放的环境——种植的工具和作物都在户外，随时可能被人拿走。那时他们派了三个同事常驻农园，维持日常运转。"如果有人来问，马上现场上课，手把手地教怎么种植物。场地基本上要做到人来了，自己能够玩，比如有压水井，孩子接水就可以去浇树。也有人偷摘果实，一晚上全摘光，只能靠挂牌子、安装视频监控，并宣讲。"

因为资金有限，他们各处"化缘"，请企业或公益组织认领场地做花园，又在网上做宣传，召集感兴趣的人前来种植，在小蓝屋里办公益沙龙和手作活动。2016年7月开园后，起初来的人大多离街道很远。刘悦来记得，有位妈妈从徐汇区坐40分钟地铁赶来，带孩子体验自然教育。而随着农园越来越热闹，农园两边的居民也加入进来。"如今农园里其中一座门廊上的紫藤，是住在江湾翰林的一位居民在2016年中秋节时捐赠的，原本种在他家楼顶，觉得种在农园里更好。"

社区花园的意味也在那时变得更浓。江湾翰林所在的创智坊居委会通过这位律师与四叶草堂建立起紧密的联系，组织了喜欢种植的志愿者团队。580弄社区的居民也如是，他们的志愿者认领菜园的地，认养蔬菜，定时浇水、采摘，配合四叶草堂的工作人员修整农园。逐渐地，两边社区的居民拿出自家的拿手菜，聚在创智农园，吃起百家菜来。经营一年后，创智农园的工作人员发现，"周一到周五，不下雨的话，有20户以上的附近住户来闲逛，而周末几乎访者不断，人数没有上限"。

04

PHOTO by 蔡小川

05

PHOTO by 蔡小川

PHOTO by 蔡小川

06

04
居民楼下的花圃，上海社区花园更新计划
05
创智农园里碎石子路构成的通幽小径
06
打牌的老人与好奇的小狗

自治之花

居民一起种菜、做活动，如何意味着社区营造？刘悦来引我注意创智农园的游乐场后面一人高的围墙。一个屋檐钉在墙上，下面挂着“93/4”的门牌，写着“缤纷魔法门”。碎石子路通到“门”下，在涂鸦中延伸进墙里，墙内的路两侧是往来的居民，居民身后的楼房剪影与580弄社区一样。

“创智农园围墙后面就是580弄社区，以前的围墙有3米多高，将小区与农园完全隔开。”刘悦来如今除了是同济大学景观系的教师，也是创智农园所在的五角场街道的社区规划师。他一袭黑西服，戴着黑框眼镜，留着披肩发，一副艺术家模样，每天却要与政府、开发商和居民打交道。他告诉我，580弄社区是20世纪80年代末的老旧小区，而江湾翰林是高档小区，二者的房价相差一倍多。与创智农园一墙之隔的580弄社区只有一个北门，绕到农园需要15分钟，离大学路地铁站很远；而在580弄社区西北方向有小学和幼儿园，因为580弄社区的封闭，江湾翰林一侧的居民也需要绕20分钟的路。修建创智农园时，他就希望打破围墙的壁垒，让农园两边的居民相互交往，“魔法门”就是当时四叶草堂的愿望。

随着创智农园的模式被社会广泛认可，机会慢慢到来。“作为一个自然教育中心，创智农园起初以面对亲子家庭为主做自然教育，之后才开始更偏重社区营造。”刘悦来记得，农园开园后不久，他们又在别的社区做了7个社区内的花园，但仍在寻找定位，复旦大学社会学系于海教授此时给予他们理论支持。于海在小蓝屋做讲座，在创智农园做田野调查，观察周边居民的互动。他曾记述，相比只可远观的城市绿地景观，农园中的景观和空间是创意和劳作的产物，居民由旁观者变为行动者，在劳作之中，“重建人与土地的联系，重建人与人的联系，重建我们与他人的善意和信任关系，从而重建社区和社区归属感”。在这样的阐释下，四叶草堂学习中国台湾、日本等地社区营造的案例，策划居民一起规划、调研等活动，从建筑师越来越向社会工作者靠拢。2017年在上海高密度城市社区花园微更新的评选中，创智农园作为全球7个案例中唯一的中国案例入选联合国人居署主编的《上海手册》。

与此同时，农园周边的居委会与四叶草堂的关系变得越来越密切。“小区里参与农园活动的志愿者很多也是社区的骨干。”陆建华是创智坊的党支部书记，他告诉我，上海自2015年开始推进街道体制改革，将社保科调整为社区自治办公室，拥有数万元的自治金，他们有责任利用一部分自治金，撬动社会资本或居民出资，推动社区自治。参与农园活动让小区涌现出一批积极分子，而农园活动本身与社区管理异曲同工。他们如今经常组织居委会的骨干在创智农园接受培训，陆建华自己也参加过。“四叶草堂举办工作坊，让大家自己规划希望小区里有哪些空间及如何实现。我发现小区里没有健身器材，就想设计一个供大家运动的公共空间。”

而在围墙的另一面，2018年3月，作为社区规划师的刘悦来找到580弄社区居委会的党支部书记陈文芳，希望他的学生可以把580弄社区当作实习场所，调研居民的日常生活情况，设计改善小区环境，争取说服居民把围墙打开。陈文芳那时刚调到580弄社区，起初对于他们的想法并没有太多概念。因为作为一个既不临街，也不靠着高校的老旧小区，长期处于被遗忘的状态，居民们还在为“温饱”挣扎。“小区里的住户除了福利分房搬来的，就是不同时期的拆迁户，60岁以上的老人占了一半多。2018年时，居委会每天接到的电话还是哪一户墙漏水了，紧急报修。那时楼里的墙五颜六色，白墙漏了，买到红色涂料涂上去，之后又漏了，红色涂料没有了，就用绿色的打个补丁。”

那些日子早上不到6点，同济大学的学生就来小区观察人流、车流，计算停车位，设计方案，令陈文芳印象深刻，也让创智农园发挥出更大的能量。当年4月，社区规划团队召集居民，做了一个大型开放日活动，把他们的设计方案都分享出来，请居民提意见。“那时居民才开始意识到他们的社区可以变得更好。”陈文芳深受触动，积极配合社区规划团队。他们还在围墙上做了一个潜望镜的装置，让墙后的居民可以看到农园的情况；与陆建华一同组织社区议事会议，两个社区的居民聚在一起，讨论如何开门。

“大家讨论门的尺寸，开门时要设计安全通道，要不要安装门禁。”陆建华记得，2019年初，580弄社区的居民自筹2000元资金，开了一个简易的睦邻门。当时“美丽家园”改造已经申报下来，伴随着建设小区内的活动广场，将与创智农园的围墙降低1米多，把围墙改为栅栏，2019年底又把围墙退后了3米，改造、重修了有安全通道的新睦邻门。“原本15分钟的生活圈缩减到5分钟。两边的居民还互留电话，安全通道如有需要，彼此可以随时开门。”

睦邻门的案例入选当年上海十大社会治理案例后，小蓝屋几乎每天都要接待参访者，创智农园成为社区营造的策源地。四叶草堂团队像培训创智坊的社区骨干一样，为街道、社区的工作骨干讲课。他们找到了通过社区花园参与社区治理的方式。“社区花园是一个物质载体，它提供了让大家主动参与、形成公共决策的场所。大家在商量一个地方该怎么种、种什么、谁来种、种了之后怎么分配的过程中，找到一个‘抓手’，之后可以讨论到小区物业费的收缴、停车等问题。”刘悦来说，“通过这么一个空间，逐渐形成一个有人文精神的地方和一群人，在这群人掌握话语权之后，他们就愿意发表一些更有公共精神的建议和提案。”

四叶草堂近两年来一直在探索复制创智农园的模式，他们争取与街道层级合作，通过街道获得区级资源的支持；培训社区一层的专业骨干，吸引普通居民参与。如今虽然没有第二个创智农园，但在上海12个区，已有100多个超过200平方米的社区花园。“来到一个社区后，我们会开展社区寻宝活动，让大家知晓社区里的功能和服务，因为很多人对自己的社区并不了解，比如健身场所，甚至向居民开放会议室、休息室，这些空间长期不用，实际上是居民自己的权利慢慢被淡化掉了。”刘悦来说。

可持续的种子

从创智农园走到四叶草堂的办公室不到5分钟，四叶草堂的人在创智农园接待居民和访客，在自己的办公室商讨发展战略。他们的工作早已超出一般设计工作室的范畴，形成自己拟定任务书，营建后参与维护的全链路。当前他们的一个重要工作，是去年为东明路街道做的三年规划，要在那里建10个10～50平方米的迷你花园、15个社区花园，以及一个像创智农园一样的枢纽型社区花园，同时进行全域系统性的参与式社区规划培育工作。目前10个迷你花园已经建成，社区花园和枢纽花园正在规划中。

在讨论花园设计的会议上，工作人员总结之前的工作模式，每一个环节都在调动居民参与其中——首先深入社区与居委会和居民接触，招募热心工作者，做问卷调查之类的考察，然后带着他们做规划，选址、确定分区和希望种的植物，之后再分工。“比如考察居民希望社区花园是高维护还是低维护，由此选择不同的材质和植物搭配，花草可以选择一年生或是多年生的，如果接受经常打理，就能看到花草一年中的变化。”

“做黏土设计时用的黏土能不能用环保材料？这些物料能不能做成通用的工具包？”四叶草堂只要一有种植和组织活动的创想，种植部分就在“火车菜园”试验，活动部分首先在创智农园开展，有成效后再向其他社区花园推广。魏闽尤其注意将其中的环节打造成可复制的模块，降低门槛，那是他们今年着力寻求的突破。

他们有“花开上海”的计划，希望到2040年建造2040座社区花园，覆盖上海70%的社区。但按照工程设计行业的现行标准，设计费最多占总成本的4.5%，一个成本在10万元的小花园，设计费最多只能拿到4000元。而四叶草堂的团队如今有20余人，不仅要设计新花园，还要帮助维护现有的花园，精力上捉襟见肘。“除了创智农园有常驻的工作人员，对于其他的社区花园，一般都是在微信群里帮助解答种植问题，隔一段时间为他们送一些种苗。”

人员短缺更使可持续的问题变得突出。“如果按照中国台湾、日本的说法，社区营造需要7年时间，走过一个完整的波峰、波谷后，一个社区花园才能算‘活’下来。”魏闽告诉我，他们改造的社区花园大都在物业缺失的老旧小区，小区缺乏公共空间，往往还存在居民占地种菜，为此冲突不断的问题，他们用数万元的社区自治金或原本用来修建绿地景观的钱，共建一个花园。而回访已有的社区花园时，他们发现，不仅刚进入小区时，要面对居民“小区漏水问题还没解决，为什么还要修花园”的质疑，即使在小区中发掘出积极分子，部分社区花园的状况也并不好。

其中，2016年上半年，四叶草堂最早在社区建立的“百草园”最为典型。坐落在建于20世纪50年代的鞍山四村第三小区的百草园，是一个有210平方米的L形园子，一侧由居民自己分配，种植蔬菜和花草，另一侧是儿童游乐场，分别满足小区里老年人组成的花友会和当年由小孩子组成的志愿者的需求。虽然百草园的创立，本是源于小区中有一群喜爱种植的居民，他们在社区花园建成之前，便已有10余人的花友会，如今种植园的门被锁住，里面已显荒凉。

07

PHOTO by 秦小川

08

PHOTO by 秦小川

PHOTO by 秦小川

09

07
上海社区花园里的老人
08
上海五角场街道一年一度的社区花园节
09
社区花园的一角

“把门锁住是因为总有小孩到里面揪花，狗也会乱跑。”花友会中如今已75岁的老人告诉我衰败的原因，“除了去年小区改造，之前曾把建筑材料堆在院子一角，目前尚待恢复植被。更重要的是，花友会的人已老，最核心的三个人中有两位已经去世，如果四叶草堂的人不提供种苗、不来维护，我们已无力支撑。而且小区里不仅后继无人，居民素质也参差不齐，种的菜本是送给社区的孤老，种的花是让大家欣赏，却经常有人偷。月季开花了要藏在草里，否则第二天就被挖走了。”

“一旦人群封闭起来，久而久之就容易运转不下去。种花的居民一般独来独往，找到愿意张罗的人不容易。喜欢种花、种菜的老年人也相对封闭，他们喜欢的植物，年轻人不见得愿意参与。”刘悦来对此早已知晓，近年来反复鼓励社区花园采摘一部分，留一部分种子，保持总能有花种；又带领花艺师来社区，指导居民种更时尚的品种，吸引年轻人。

而从始至终，四叶草堂坚持避免直接参与社区花园后期的运营，希望把主动权交给居民，即使创智农园，他们也认为自己要尽快退到后台，他们的作用是发掘、调动和培育。这是他们力主在东明路街道要建造枢纽花园的原因。“社区花园要围绕一个当地中心，可以在那里做参与式社区规划、社区园艺培训。那里应该不断有居民活动，不断有种苗流通，带动每个社区里的人气。”他们也为此做过人物画像，发现年轻妈妈是更为活跃的群体，能接受新鲜事物，如果年轻妈妈能够依托社区花园创业，社区花园便有了维持下去的强劲动力。

他们在东明路街道的金色雅筑小区，发掘到一位创业妈妈李艳玮，与模板完美契合。在让金色雅筑小区里的孩子画出心中的花园时，一个小孩意外地画了张设计平面图，分区明确，询问之下发现孩子的母亲李艳玮是设计师。她当时在小区门口开了一家花店，听闻社区花园的计划非常高兴。“孩子从小看我画图，好奇图纸如何变成一个公园，迷你花园能让她自己来实现。”她告诉我，她先让小区里的孩子们设想花园的功能、想种的植物，再引导他们完善，最后自己动手种。“去年疫情期间不能出门，原本每年出游的计划被打破，小孩子们就想在家门口露营，于是在迷你花园里做了一个被植被环绕的露营地。门口的牌子上，孩子们还写着‘不准大人进入’。”

李艳玮愿意把花店的场地拿出来做工作室，她的顾客本也是小区居民，帮忙经营社区花园对她的工作也有帮助。但李艳玮可遇不可求。自上而下拉项目、发掘志愿者的同时，刘悦来的团队在社区花园树起“种子接力站”，鼓励居民拿种子回家，培养兴趣；在网上织起SEEDING群，网罗种植爱好者和社区营造志愿者，每天打卡，自下而上地汇聚力量。“一年一度，创智农园有快闪花园的营造活动，我们会花一个小时，在一个阳台造出个花园来，告诉大家，它并不难。”

糖舍酒店 | PHOTO by 苏圣亮

(B04)↔(p. 205)

(D03)↔(p. 216)

松阳故事外景 | PHOTO by 王子凌

(B02)↔(p. 201)

富春山馆的屋顶由几座连绵起伏的山脊构成 | PHOTO by 吕恒中

(E04)↔(p. 227)

上海杨浦1、2号码头间搭建的钢栈桥 | PHOTO by 苏圣亮

(B03)↔(p. 204)

景德镇御窑博物馆中开放的拱券 | PHOTO by 是然建筑

连州摄影博物馆嵌入老城的纹理 | PHOTO by 陈小铁

(B01)↔(p. 87)

(D05)↔(p. 220)

上海油罐公园5号罐面向草坪广场的舞台 | PHOTO by 吴清山

(A05)↔(p. 199)

深圳南头古城鸟瞰 | PHOTO by UABB 张超

(D 01)↔(p. 104)

上海杨浦“绿之丘”的内核，双螺旋楼梯下的丛生朴树 | PHOTO by 蔡小川

(E06)↔(p. 231)

(D02)↔(p. 214)

建筑与生态地景和谐共存 | PHOTO by 土上建筑工作室

(C01)↔(p. 95)

在湖南常德，窨子屋形状的社区中心嵌入回迁楼 | PHOTO by 蔡小川

(C01)↔(p. 95)

在窨子屋博物馆，建筑师特别注意

湖南常德钵子菜博物馆 | PHOTO by 蔡小川

(C01)↔(p.95)

(D04)↔(p. 218)

航拍尚村傍晚远景 | PHOTO by 夏至

PHOTO by 刘有志

(B01)<->(p.87) 胡启坚 连州博物馆看门人 "很多摄影师每年都参加年展，他们跟我合影，有人前一年拍，后一年把照片拿给我。" "博物馆开馆后，老街上曾有连州老照片的展览，我为游人做讲解，又被人拍照，放到第二年的年展上展出。"

PHOTO by 张雷

(C04)↔**(p.211)** **郑爱萍** 广州东山口菜市场
鸡肉档商户 **“我们也渴望交流。”**

PHOTO by 刘刚

（评）↔ 常青 中国科学院院士，同济大学建筑与城市规划学院建筑系教授。第一届三联人文城市奖评审

“人们常说建筑是文化的载体，这样的载体以场所而不仅仅是空间的方式呈现。而设计、建造和使用的过程、均可看作事件发生的文化浸润过程、这些过程可将人的生活方式、行为习惯、价值取向和审美观照、化为场所特有的性格特征和美学气质，从而形成场所感或场所精神。”

本人供图

（评）⟷ 张杰 北京建筑大学建筑与城市规划院长，清华大学建筑学院教授，全国工程勘察大师 “过去很多建筑都只是建筑师在做，城市是建筑师版本的城市。而这些建筑是否真的跟小孩相关、跟老人相关、跟年轻人相关、跟弱势群体相关？这些决定了城市是否干瘪。”

PHOTO by AMO

(？)↔(p.254) 隋建国 艺术家、中央美术学院教授 “建筑是为生命服务的。当我们讨论建筑时，是在谈论生命、建筑和城市的关系。从这个意义上来讲，公共艺术也是同样。”

PHOTO by Greg Mei

（评）↔ 马岩松 MAD建筑事务所创始人、合伙人。第一届三联人文城市奖终审 “人文城市更应有赞美个性，创新，探索和启发性的一面，将日常生活从行为自由拓展到精神自由的层面，让城市像一座图书馆，包容一个个有趣的灵魂。”

PHOTO by 陈中秋

（评）↔ 周榕 中国当代建筑、城镇化、公共艺术领域学者、策展人，清华大学建筑学院副教授。第一届三联人文城市奖架构共创人，终审

“好的城市，既像希望一样刚强，亦如人性一般软弱。”“比‘理想城市’更好的城市，或许是‘非理想城市’。在‘非理想城市’中，每个‘非标人类’的缺陷、脆弱和迷茫都能够被同情、包涵与安慰。”

PHOTO by 王剑平

(评)↔ 李晓江 中国城市规划设计研究院前院长。第一届三联人文城市奖评审 “城市的空间供给应当更加多元、包容，为不同人群提供有品质、可承受、多样化的空间与审美体验，尤其应当关注新移民、学生、老人、女性、儿童、低收入人群的需求；关切城中村等非正规居住与就业场所的社会价值，从而促进城市社群的共生与分享，实现城市的空间正义。”

(II)⟺(p.44) 柳亦春 大舍建筑事务所创始合伙人。第一届三联人文城市奖提名人 “建筑的公共性，不是晚上关门、早晨开门或者 24 小时不关门这种空间上的开放性这么简单，更要带给大家思想与行动上的开放性，这是公共空间最核心的内容。”

PHOTO by 刘阔

(E01)⟷(p.111) 范浩阳、魏闽、刘悦来 四叶草堂创始人 “我们收集当地草屑、树木等材料，再种上适合生长的植物，由人类干涉的多寡，划分为生活区、菜园区、食物森林区，直到荒野的自然保护区，成为一所自然学校。周边园区的人可以来此种菜、收菜，小孩子可以观察鸟窝、动植物四季的变化。”

PHOTO by 蔡小川

(E05)⟷(p.229) 翁东华文和友联合创始人 “在 3 楼到 4 楼的地方，我们重建了永远街，它原是城市中连接下河街与坡子街的小街，如今已经消逝。永远街走上去就像一条真实的街道，有 30 来户老字号小吃和市井品牌，如乔伯凉面、东瓜山香肠、刘记糖油粑粑，他们都是有 30 年以上摆摊经历的个体商户，是很有态度的摆摊人，我们一家一家把他们搬进来。”

本人供图

(E02)⟷(p.222) 浅井裕介 日本艺术家 浅井裕介先做了两天的儿童工作坊，用简易的橡胶纸，让小朋友自己画动物，然后在两个多月的时间里组织居民和志愿者一起剪裁图案，将这些碎片在公共空间的实地上拼接起来，再用热熔枪熔在地上。很多参与的小朋友会回来找，“这个小青蛙是我画的”。

PHOTO by 上海空间艺术学

PHOTO by 陈中秋

（评）⟺ 翟永明 作家、诗人。第一届三联人文城市奖终审

“如何重建城市活力？重建普通市民公共空间的日常性？如何用更关联大众生活的文化理念，而不仅仅是文化诱饵，来推动城市设计更人性化的创新发展？这是迫在眉睫的问题。”

(C02)↔(p.207) 马寅 阿那亚创始人兼CEO “我们把这件事扔到社区的群里，讨论工人能不能进食堂吃饭，好几百人争论了好几天。……我们发现这样的讨论不一定会有一个让所有人都满意的结论，但最终的结果是每个人都多了一些同理心。如果不拿出来讨论，那么这个问题就会永远无解，甚至相互之间滋生很多矛盾。实际上，一个个小的讨论也在创造着为公共利益服务的机制。”

本人供图

PHOTO by 蔡小川

(C01)↔*(p.95)* 肖剑龙 老西门Not Café 咖啡馆创始人 "一个有意思的现象是，正有越来越多的年轻人发现了老西门。这和年轻人近年来逃离北上广、返回老家生活就业的趋势相关。"

(评)⟷ 王澍 2012年普利兹克建筑奖得主，中国美术学院建筑艺术学院院长。第一届三联人文城市奖评审

“一个好的城市，一个充满人文气息和公共关怀的城市，只能生长出来，不可能规划出来。或许，我们需要重新开始，从关注最普通的日常生活开始，从普通公众具体可以接触到的事物开始。”

PHOTO by 张雷

PHOTO by 侯欣颖

(p.235)↔ 王笛 历史学家，澳门大学教授、历史系主任 “茶馆是一个市场，小商小贩在那里卖东西，还有掏耳朵的、算命的；茶馆也是个谈生意的地方，做绸缎生意的、大米生意的，卖瓷器的都会和买家约在茶馆见面；袍哥这样的社会组织，他们没有自己的据点，茶馆就是他们的活动地点；茶馆还扮演着街坊邻里之间信息中心的角色，有人说那里小道消息和流言蜚语胡乱传播，但它同时有种‘舆论监督的作用’。”

PHOTO by 蔡小川

(评)⟺ 张永和 非常建筑创始人、主持建筑师。美国注册建筑师，美国建筑师协会院士。第一届三联人文城市奖终审团主席

“‘人文城市’这四个字，每个字都很重要。‘人’把城市定义成一个生活空间，而不仅是一个物体；‘文’意味着这个空间要有精神上的提升；‘城市’指整体的生活环境，而不是单栋的建筑。”

“在好的城市肌理中，人与环境之间的关系更密切，才有一个更人性的城市。”

PHOTO by 黄宇

(?)⟷*(p.248)* **西川** 诗人、散文和随笔作家、翻译家

“对于我这样一个不懂城市规划和建筑的人来说，一个城市的诗意首先来自于它的文化记忆。有了文化记忆，

PHOTO by 张雷

(评)↔ 孟建民 中国工程院院士，深圳市建筑设计研究总院有限公司总建筑师，深圳大学特聘教授。第一届三联人文城市奖评审

“全方位的人文关怀不仅体现在宏大层面，还在细微处。比如一栋写字楼里，有高管、白领、访客，还有运维工人、后勤、保安、保洁，以及流动的快递员和外卖小哥等，他们都有各自的需求。有时候看到保洁工人在楼梯间喝水，打盹，我就想着应该给他们一个哪怕很小的休息环境。”

(A01)↔(p.80) 刘家琨 家琨建筑设计事务所创始人、主持建筑师。第一届三联人文城市奖提名人 “小时候大家都体验过上房揭瓦。哪怕只有一层高的房屋，跑到顶上去都有一种凌驾在城市上空的自由感觉。”

(B01)↔(p.87) 何健翔、蒋滢 源计划建筑师事务所创始人 “大家期待用一个天天开门的博物馆，让老街活起来。”

PHOTO by 刘有志

PHOTO by 孙瑞祥

(11) ↔(p.44) 李翔宁 同济大学建筑与城市规划学院院长、建筑评论家和策展人。第一届三联人文城市奖提名人 “女儿小的时候我们住在纽约，每隔两条马路就有一个小的儿童游乐场，她每看到一个，就要进去玩一下才回家。这很有启发，身边一个口袋公园，不需要多大多奢华，但它是城市的毛细血管，对每个人的生活是很有价值的。”

本人供图

(B01)⟷(p.87) 段煜婷 连州国际摄影年展创始人、总监，连州摄影博物馆联合创始人、联合总监 “第一届摄影年展时，本地人都没见过外国人，拉着外国人合影、签名。除了舞马鹿的表演大受欢迎，当时与摄影年展一起开幕的还有美食节，那是当地人更喜欢参与的。”

(评)⟷ 李鸿谷 三联生活传媒有限公司总经理、《三联生活周刊》主编。第一届三联人文城市奖终审 “建筑和城市都是为人而存在，我们的终审环节，必须实地与那些城市空间面对面，让身体去感受、去选择。”

PHOTO by 陈中秋

（Ⅲ）↔(p.53) 何志森 华南理工大学建筑学院教师、扉美术馆馆长。第一届三联人文城市奖提名人 “广州番禺一条滨江步行道长期乏人问津，于是决定做一次空间介入，设法在环境中创造一些‘多余’的部分，我偷偷把步行道上三百多个垃圾箱的桶盖全部取下，擦干净后贴上‘放心使用’的标签，有序地摆放在了桶身的对面。”

PHOTO by 安草儿

本人供图

(评)↔ 鲁安东 南京大学建筑与城市规划学院教授。第一届三联人文城市奖提名人 “人文城市不应只是一种愉快的怀旧，处理当下比延续历史更重要。”

（评）⟷ 伍江 法国建筑科学院院士、同济大学副校长、亚洲建筑师协会副主席。第一届三联人文城市奖评审

“城市的各个片段和局部会不断地处于周而复始的发生—成长—老旧—消亡的过程中，而其中一部分片段和局部，则会因其所携带着的强大文化基因而顽强地生存下来，并经过我们的努力而不断获得新生。”

“每一座新建筑，都应该充分尊重并主动延续已有的文化基因，并尽其所能创造出新的文化基因，城市的生命力才会得以不断强大，城市文明才会得以愈加丰硕。”

PHOTO by 王之涟

（评）⇔ 庄惟敏 中国工程院院士，清华大学建筑学院教授，清华大学建筑设计研究院院长、总建筑师。第一届三联人文城市奖评审

“在人类漫长的演进过程中，追求诗意栖居是人的天性。对于人类生存载体的城市，人文的光辉正是聚光灯，让这个舞台充满了诗意和愿景。”

PHOTO by 王旭华

本人供图

(?)⟷(p.252) 马伯庸 历史作家，茅盾新人奖、人民文学奖、朱自清散文奖得主。第一届三联人文城市奖终审

“我们从古代城市遗迹里读到什么？我去遗址博物馆参观，观察到一些很有意思的东西，比如皇宫里的排水沟系统，每隔一段就有一个向上的斜坡。考古学家在旁边发现了大量乌龟的尸体。原来斜坡是给乌龟爬上去晒太阳的。”

PHOTO by 蔡小川

(C01)↔(p.95) 何勍、曲雷 中旭建筑设计有限公司副总建筑师，理想空间工作室主持建筑师 “与其去重造一些已经不存在的建筑，不如像国画大写意一样，注重挖掘地方精神和文化，通过现代的建造方式转化和演绎这个故事。”

PHOTO by 蔡小川

(D01)⇔(p.104) 钱亮 上海杨浦滨江投资开发有限公司副总经理 “杨浦滨江的早期规划是 20 世纪 90 年代做的，那时候都没有工业遗址的保护意识，规划中大都是要把废弃厂房拆掉，变为绿地，或者功能模棱两可。”

(评)⟷ 王辉 URBANUS都市实践建筑设计事务所创始合伙人。第一届三联人文城市奖评审 “我们的城市是一个由许多器官构成的有机体。” “在我看来，三联人文城市奖，珍贵之处不是去关注那些类似于心、肺等作用力大的器官，那些宏大叙事的建筑，而是在价值观上更去关怀那些被单向度的城市发展忽略甚至要淘汰的器官。”

都市实践供图

PHOTO by 黄宇

(?)↔(p.250) 姜宇辉 华东师范大学哲学系教授。第一届三联人文城市奖提名人 “今天，如果理性已经完全被算法化，公共荣誉已经完全被游戏化，那么我们还可以怎以样以情感的方式，以共情的方式，重新建构起一种真正符合生命时间的公共领域？”

(p.235) ↔ 王亥 设计师、艺术家 “在巷和里中，有人情关系的建立，也有店铺小贩的聚集。路是为车通行的，巷和里是以人为尺度的。”

PHOTO by 蔡小川

(D01)↔(p.104) 章明 原作设计工作室主持设计师 “这种场景特别有趣，就像我们小时候排队搬着小板凳去看露天电影，十分令人兴奋。所以我当时更加意识到，我们创造的滨江公共空间绝不仅仅是一个旅游目的地，而是应该成为周边居民的日常生活的组成部分。”

PHOTO by 蔡小川

PHOTO by 蔡小川

(C01)↔(p.95) 诸冰花 老西门止间书店经理 “常德是个小地方，但并不缺乏热爱阅读和交流的人群，他们更希望阅读能帮助他们看到广阔的世界。关键在于发现他们，并把他们组织起来。”

(p.235)↔ 袁庭栋 成都文化学者 “四川是个移民大省。明末清初，18 个省的移民来到四川。这时候大家有很多事情商量，茶馆就成了最好的去处。”

PHOTO by 蔡小川

(p.235)⟷张唐 一介建筑工作室创始人 "玉林东路社区有1.6万居民，老龄化现象突出，残障人士加上行动不便的老年人，能达到三四百的数量。这里还有存在心理问题的居民。只有对这部分人友好，才能对所有人都友好。"

PHOTO by 蔡小川

(p.235)↔竹里老人 “慈竹的韧性和柔软度出奇地高，道明村的村民们也通过作品，重新认识了一遍这些从小相伴左右的‘老朋友’。”

PHOTO by 蔡小川

PHOTO by 迟阿娟

(A01)⟷(p.80) 杜坚 贝森集团董事长 “甲方某种程度上代表了公众的趣味，也就是更多地从使用者、经营者和管理者方面来考虑。即使是知名建筑师，他进行设计的过程也是个人趣味和公众趣味交融和博弈的过程。好的表达是基于对多因素的尊重，而不是一味地孤芳自赏。”

(评)↔ 王建国 中国工程院院士，东南大学建筑学院教授。第一届三联人文城市奖评审

“公共空间的艺术实践、社区营造的匠心细致、城乡环境的善意呈现，不是鲍德里亚式的‘拟象’创造的小众‘文化强权’，而是贴近社会生活公共性的‘娓娓道来’。”

（评）⟷ 朱青生 国际艺术史学会主席、北京大学历史系教授。第一届三联人文城市奖终审

“‘千城一面’表面源于外貌的复制，根本源于普遍的文化匮乏和几代人的美育绝断。对其他城市景观的模仿和抄袭，包括制作新古董，不仅是政府和资本的甲方潜在的心态，同时也是出于普遍人。”

PHOTO by 吕宸

PHOTO by 黄宇

(评)↔ 朱小地 朱小地工作室主持建筑师。第一届三联人文城市奖评审 “城市的价值在不断的变化、新老的相互影响中累积。我认为人文城市的意义，既不源于西方文艺复兴时期的人文概念，也不是我们过去说的中国文人士大夫那一套，而是区别于全能的‘神’的城市，需要的是对‘人’本身丰富性的一种尊重与包容。”

A02
一个世纪的工业巨兽，
延续了生命
A03
在西岸，我们用美术馆
启动城市更新
A04
我们用"园林思维"，
改造了老旧小区
A05
拆除之外，城中村的
另一种可能性是什么？
B02
《富春山居图》里的
感受，在今天怎么
找回来？
B03
什么样的容器，
可以展出景德镇？
B04
在山水和工厂之间，
建筑师可以做的事
C02
逃离大城市的疏离，
在海边造一个社区
C03
未来的城市，
正悄悄向城中村学习
C04
菜市场里建美术馆，
能给摊贩更多尊严吗？
D02
盖个土房子有多难？
D03
在松阳，我们用建筑
"针灸"乡村
D04
村民能干什么，
是乡建必须回答的问题
D05
在黄浦江边，
打开五个油罐
E02
艺术介入，
如何更新城市？
E03
工业与艺术，
复活在景德镇的老瓷厂
E04
"大杨浦"与黄浦江，
如何久别重逢？
E05
我们消逝的生活
能重塑吗？
E06
你爱的老胡同，
正慢慢变年轻

A02
一个世纪的工业巨兽，延续了生命

口述：薄宏涛　采写：李明洁

俯瞰高炉全貌，
自然与工业的对话

PHOTO by 夏至

公共空间：
人与场所
A02

PHOTO by 王栋

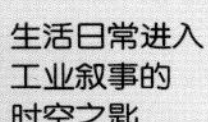
生活日常进入
工业叙事的
时空之匙

北京首钢工业园区始于1919年，由北洋政府筹资建设。1949年新中国成立后，首钢转变为国有化集体企业，几十年来作为工人先锋队，自豪地为社会主义大生产发光发热。同时，首钢园区也像是个独立的小城市，园内除了生产空间，还有大量住宅、幼儿园、篮球馆等生活设施，是几代人生活与精神的家园。

随着2008年北京奥运会的推进，北京开始了一轮重要的城市功能产业转型，其中一个重要的环节就是工业企业的外迁。《人民日报》发文《要首都还是要首钢？》，一时间将首钢园放在了与城市发展对立的那一边，首钢人几十年积累的荣誉感转变为心里的不理解，为什么企业竟然要跟首都抢蓝天。从2002年开始减产，到真正搬到河北曹妃甸，北京园区几乎花了10年才彻底停产。

这时，北京也划定了城市到2035年不再增加的生态红线。那么，首钢留下的8.63平方公里的土地，不仅承载了大量的、历史厚重的城市工业遗存，也成为北京城区范围内唯一可大规模、联合开发的区域。改造后的首钢园还将作为新一轮国家形象的窗口，承办2022年冬季奥运会的竞赛项目。外部政策与本地发展期待的叠加下，首钢园留给城市规划师、建筑师、园区管理者们的是一个前所未有的、后工业时代的复杂城市更新课题。

“棕颜值与绿颜值”，就是最早的破题，由工程院五位院士作为首钢改造的智库团队提出，其中，“绿”是自然生态的可持续，“棕”是工业遗产和文化的可持续。综合起来就是将首钢园改造为一个完备的、全产业的更新片区，推动北京西区原来发育不良的产业构成进行升级。

2015年的秋天，我们受邀参与项目设计第一次来到首钢园。当时园区基本没有改动，保持了刚停产时期的风貌。其实即便不是建筑师，作为一个普通人也会被里面极其震撼的场景打动：完备的工业生产系统透露着当年的繁盛，钢铁的设施释放出宏大的力量感。由于停产，很多设备都已经锈蚀了，如同衰败的巨兽，萧瑟又沧桑。

这些都是非常打动人的，几乎是“第一眼美女”，你看到她的瞬间就爱上了。那种震撼的感知，我一直希望能够保存下来，并且在之后的设计中再次传递给大家。

如果在一块崭新的土地上做建设，很多设计与创作的灵感来自于设计师的内心，你其实很难评价内心的那一丝的悸动是否正确。但是首钢这片土地已经存在了一个世纪，它承载的东西，远比内心的灵光一现要厚重得多。在这样的一个状态下，我们不应居高临下地以土地创造者的角色去强加给它一个新东西，而理应是一个虔诚的寻访者和梳理者，心怀敬畏，读懂基地的密码，延续它的生命基因。

“在已开发的土地上重建和再利用已建成的建构筑物，一定会比在未建设的土地上建设更有意义。”罗杰斯在1999年《迈向城市的文艺复兴》中也提到过。这种极富社会学意义的创造是在背负了很多东西的情况下发生的，如同镣铐中的舞步，既要循规不逾矩，又要在挑战中注入勃发的激情。

从创造者到寻访者的角色转变之后，我们的设计才真正开始了。我们在首钢园前后参与了不下十个大小不同的项目，而三高炉的改造是其中最特别的那一个。它是一个集博览、展示、发布、交流等不同功能的综合体，同时兼设可独立运营的学术报告厅、临时展厅、餐饮、书店、广场、绿地等一系列文化休闲活动空间。

三高炉作为国内自主建设炼铁工艺集大成的高炉，是首钢第一批突破2500立方米的高炉之一。这座功勋高炉曾无数次接待过国家领导人的视察，参观车辆可以一直开到高炉13.6米的环形平台，俯瞰9.7米的工人作业面。除了是钢铁厂中垂直体量最大、最具视觉标识意义的工业巨构，三高炉还靠山临水，非常巧妙地与自然发生了对话。

而当你走进这个场地，也能更强烈地接收到它提供给人的时光的震撼力。天光会从顶部罩棚锈穿的孔隙中射下，给人以行走在光之森林一样的感受。各种锈蚀的斑驳肌理映入眼帘，更让人体味到岁月在这座钢铁巨兽身上留下的时光包浆。为了留住这种时光感受，我们和首钢研究院反复比选打样，摸索出了一种高透、反射率很低的罩面漆。既能保证钢铁构件不会继续锈蚀，又让人能看到斑驳的岁月痕迹。最终的效果像琥珀一样，将那种历史的印记定格，触发不同人的时光通感。

为什么在改造主炉之外，还增添了报告厅、临时展厅、餐厅那么多附属的、可以独立运营的小空间？这其实来自我们对自己之前做过的大量公共文化建筑的反思。

比如过去我们设计的很多博物馆，回访运营情况时大多绕不开“公众参与度”和“盈亏平衡”的话题。南京博物院二期更新是一个积极的案例，大量积极公共空间的设置，辅之以各种沉浸式的场景布局，让博物院除了文化传播的职能外，还有很好的参与度和经营性，成了南京市民愿意去遛弯的地方。因此我们在三高炉更新设计中将可以运营的部分设置在主馆外，可租用的临时展厅、学术报告厅，以及可经营的咖啡馆、餐厅，在博物馆关门后，仍然对公众开放，既可获得更多的经济回报，又可积极服务城市生活。

文化设施的关键就是可用、可达，建立与日常生活的纽带。所以改造后的三高炉，是一个叠合了的城市立体空间，植入的几个延伸功能的空间全都是被剥离出来的，尽可能方便市民到达和使用，一方面是一个整体性建筑的一部分，另一方面也在为城市创造价值、提供积极的服务。我们不希望设计出的公共空间无法进入、无法停留，否则就失去了其应有的公共性，失去了与城市的公平交互关系，堕入更新的“士绅化”瓮中。

目前公众能看到首钢园内的其他几个重要项目，大跳台、群名湖、高线公园、冬奥广场、冬训中心、假日酒店、星巴克咖啡馆，都是参与的设计师在用自己的专业经验阐释“工业”这一复杂又伟大的系统在美学上呈现的同时，也将公共空间的后续积极利用放入设计的思路之中。

园区整体规划对公共性的侧重，还体现在它的空间尺度对人们身体舒适度的考量之上。园区里配有大量的绿化系统，比如说景观山体和水体系统，也有跟它相配套的密路网，小尺度的街道和比较舒适的休闲的商业广场，让人愿意在里面停留。

用一个专业的术语来描述，就是提高了园区的“路网密度”。这是一个一般人不太会注意得到的隐形指标，以每平方公里范围内的道路公里数来计量，北京很多区域的密度是很低的，只有6.0—6.4，直观的体验就是马路特别宽，街坊距离极大，人会感到极强的空间疏离感。你看着房子就在眼前，但走断了腿也走不到。

首钢园在改造之后，结合支路和大量设置的步行街巷，路网密度达到了9.0，比北京平均水平要高了不少，整体接近朝阳区三里屯片区或者一些老胡同的密度，会很好逛，你走在里面也经常能发现一些街头的小惊喜。在不断行进的道路上一步一景，商家的外摆在两边延伸出来，转角处也有一些可以驻足、可以参加户外活动的空间，模糊了建筑和街道的城市边界，也提升了公共空间的体验感。

由广场、街道和院落星罗棋布般组成的城市，其实是一套完整的生态系统。它们就像城市的胃黏膜一样，是有温度的皱褶，让人们在此停留，让一些活动在里面停留。

我们在设计时进行功能混合，有垂直叠加的，有平面混合的，目的是看到当不同空间、不同人群混合在一起的时候，冷与热、强与弱并存，相互之间才会有动能。那么当这些动能产生之后，其实就是城市的一个驱动力。我们规划师、建筑师通过专业知识，就是在于积极去营造这样的场所，然后它的界面是柔性的，不是冷冰冰，目的就是来滋养更多的城市生活活力。

到目前，我们完成了首钢园北区的群明湖大街以西的大概50万平方米的设计工作，北规院、北建院、清华院、中国院、清华同衡等众多兄弟团队都在这片土地上辛勤耕耘。园区的规划富于弹性，将会引入更多完备系统的城市产业和生活性空间，比设置人才社区来提供常住人口。这种更新的方式，也会改变过去下班就变“鬼城”的传统8小时产业园区模式，成为24小时持续活力城市区。

目前第一批导入的这些产业以奥运项目、科技企业、高端文化活动为主，在2022年冬奥会之后，势必会迎来第二轮产业的调整和提升。比如体育总局的训练中心，奥运会结束后就会搬走，这个空间就可能变成面向社会公众的全民健身场所。周围的商业配套，比如现在的运动员公寓，可能也会变成一个运动健身的亲子酒店。目前园区的改造也没有真正在大众的视野里浮现，北区还在如火如荼的建设进程中，到2023年秋天，它就会进入一个真正意义上的全面的开园。

必须要说的是，首钢园改造作为工业遗存的一种更新方式，并不是城市问题的万能药。它的示范效应，更多的是从心理层面振奋大家的精神，看到工业遗产原来可以这么改，能够改得挺好，然后

A03

在西岸，我们用美术馆启动城市更新

口述：柳亦春　采写：孙一丹

能够为城市的区域带来一个有效的心理回归和整体的价值驱动。

现在的首钢园，接待最多的是全国各地前来学习的工业企业、规划师团队、开发商、市政府考察团。很多人看了之后发现工业遗产原来可以改得这么好，但是下一句就会说从模式的层面，自己是学不来的。因为第一不是北京，第二不是首钢，第三没有冬奥概念这个大IP，也没有体育总局携带的一些文化体育产业的增值。

然而在我看来，首都、奥运都确实是首钢园改造的更新动力，但是最核心的驱动力来自持有土地的企业自身。首钢通过自身努力争取到发改委试点项目推进的"一二联动"发展模式，其成功运行落地坚定了企业对于8.63平方公里土地的持有运营的决心。所谓"恒产者有恒心"，持有更新的理念决定了企业的利润着眼点不在于一级市场的开发、卖地，而在于二级市场的运营。

通过转变土地性质，挖掘其历史文化和工业遗产价值，更新空间增强其开放性和公共性，强化传播并塑造超级文化IP，最终全面助推企业持有的土地和产业物业的价值提升，实现企业的最终价值诉求，这样的模式是真正符合价值逻辑的，是更新中恒久的规律。做出良性的符合城市和企业综合长远利益目标的顶层架构设计，才是更多城市更新项目真正值得思考与借鉴的。

我在首钢园工作的6年间，最有意思的经历是发现在石景山打车遇到的大部分司机都是首钢转产出来的。刚开始他们得知我去首钢园，就很警惕地问我，"你去干什么？那儿早就没东西了！"后来奥组委进驻之后，他们就打探："你也是去奥组委吗，现在有什么变化？"最近再来的时候，他们的语气完全变了，多了一分自豪："首钢园里面全改了，变得可好玩了，你有没有去看过？"

西岸美术馆大道

上海西岸开发（集团）有限公司供图

2010年世博会可以说是上海滨江空间开发的新起点。世博会前后，黄浦江边的工业场馆慢慢迁到城市外围，给上海的城市更新奠定了土地储备的基础。上海的后工业时代开始，旧工业逐渐退场，文化登场了。世界上的城市工业区复兴都经历过类似过程，比如，后工业时代的伦敦将南岸工业区的工厂改造成美术馆等文化设施，靠艺术促进了城市公共空间的发展，整个伦敦的经济和城市发展开启了新模式。徐汇滨江的西岸美术馆大道一开始是对标伦敦的南岸，希望通过文化艺术促进城市更新和公共空间的发展，随后也走出了自己独特的道路。

2011年我开始设计龙美术馆西岸馆，介入西岸的建设中。龙美术馆于2014年3月28号开幕，吸引了来自全世界的收藏家、艺术家和策展人，这样的盛况一方面跟龙美术馆的运营方在艺术收藏界的影响力有关，另一方面也在于到访者被龙美术馆的内部空间及其艺术的氛围打动。这让徐汇区政府和开发集团看到了艺术场馆对于城市发展的积极作用，由此产生的文化影响力带动了整个西岸建设。

传统的美术馆大多起源于皇宫或别墅里举办贵族沙龙等活动的空间，观众都是从一个房间到另一个房间去看展览，走一会儿就会觉得累，这是身体的规定性所产生的疲惫。在龙美术馆，我想创造一种自由漫游的游览方式，把美术馆的展览回归成墙的离散布局，人在这里面可以自由地走动和观展。墙跟天花板没有边界，观众的视觉沿着墙体向上，不时会仰起头，不知不觉就走了很多路，不会觉得累。

贯穿龙美术馆的中央有一列煤漏斗卸载桥，是原有北票码头工业场址的存留物，建立起美术馆内部和江边公共空间的通道，外部空间和江边的广场及其高架步道连接成一个立体的步行系统，可以让人们自由去探索和漫步。

这种新的观展模式，让人的身体自由。有观众跟我讲，他在龙美术馆看完展后，会清楚记得哪幅画和哪个空间有关。这也启发我重新思考空间的公共性、开放性、自由感的内在是怎么形成的。我意识到，建筑的公共性，不是晚上关门、早晨开门或者24小时不关门这种空间上的开放性这么简单，更要带给大家思想与行动上的开放性，这是公共空间最核心的内容。

做完龙美术馆之后，我参与改造了西岸艺术中心。在我和几个建筑师及艺术家的建议下，已经停用的中国最早的民用机场之一——龙华机场的修理库与冲压车间被改造成了西岸艺术中心，原有的一些小厂房和仓库也通过改造和临时填建扩展成了艺术示范区，作为多功能的艺术和文化空间聚落。2014年，在西岸艺术中心举办了第一届西岸艺术博览会，而这里原计划是要改造成酒店的。配合着美术馆和西岸的艺术品保税仓库，艺博会把整个西岸地区的艺术生态

公共空间：
人与场所
A03

全部带活了，而后首届世界人工智能大会也在这里举行。

在这个过程中，我意识到，因为建筑师的建议，这些老建筑得以保留，而且用了对建筑师来说特别理想的保留方式。根据澳大利亚保护文物古迹的准则《巴拉宪章》，为一个工业场馆寻找最适合它的功能进行改造，是对工业遗产保护的最佳方式。

于是，从西岸艺术中心开始，我有了以更主动的方式介入城市区域建设的想法。我和上海的另外几位建筑师以及西岸集团共同成立了一个民间非营利组织——一岸设计文化促进中心，希望通过这个平台来促成建筑师和政府、开发企业之间的沟通。建筑师可以用更积极的方式，作为地区智库对城市发展的宏观或具体决策补充专业角度的意见，而城市开发或管理者也会从他们的角度判别吸纳，逐渐形成一种良性沟通的方式。

在徐汇滨江五六年来的开发过程中，我一直都有两个角色。一是作为西岸艺术委员会的委员，参与策划各种文化活动等，和西岸共同招揽设计机构以及艺术家；二是作为西岸规划建设委员会的委员，在整体西岸的建筑、规划方面出谋划策。

西岸用文化项目带动城市更新，不仅有空间上的大众参与，城市表面的美化，还实实在在地给城市带来了丰富的文化生活。在龙美术馆之后，余德耀美术馆、油罐艺术中心等多家美术馆在西岸陆续开放。美术馆也推动了艺术家们的个人创作，比如在龙美术馆，每一个艺术家的个展都会为龙美术馆的空间量身定做，专门创作作品。这些美术馆并非只靠艺术来“装点门面”，反过来，整体的艺术生态也繁荣了艺术家的创作。

持续的文化活动，是把艺术家和公众持续吸引到这里的关键，每年的艺博会促进了艺术家之间的交流和持续的创作，这样良性的艺术生态是最重要的。现在国内很多的新美术馆，一两个展览过后，热度过了，没有持续的好展览，以及艺术家和大众的持续互动，可能就迅速衰落了。

西岸的龙美术馆、余德耀美术馆、油罐艺术中心以及正在建设中的星美术馆都是民营美术馆，虽有少量的政府文化基金的支持，面临的挑战也很多。西岸对场馆建设、资金和政策上的支持，让这些民营美术馆产生了文化场馆的溢出效应，如土地的增值，吸引其他对文化艺术感兴趣的企业到这里来。同时，这些美术馆自身有了专业上的名气和行业里的高度后，也会在其他地方开设衍生的艺术空间，无论对于他们自身关联企业的发展，还是当地的城市文化，都带来了积极效应。

西岸是中国为数不多的成功地靠文化项目带动城市更新的案例，这跟徐汇区政府决定将土地销售收入的一部分拿来支持西岸地区的公共空间及文化场馆的建设是分不开的，这一决策决定了西岸地区的文化场馆的运营和建设在一段时间内是可持续的。文化活动本身收益不高，有背后资金和政策支持是特别重要的，这样才能良性地持续下去。

同时，西岸也不是单纯地靠文化项目来带动城市更新，还有金融城计划、设计资源的汇聚等，最终形成多种产业并行的生态，这是一个城市更好的内在性生态。艺术和文化只是西岸的启动环，但这一环既能给这个区域的企业发展带来好处，也能服务于市民，这是非常必要的。

这些艺术场馆陆续吸引了许多AI企业如阿里、腾讯、小米等进驻到西岸。这些企业在转向智慧城市和人文生活等方向的时候，要通过设计来提升产品的价值，这跟西岸的文化艺术氛围是密切相关的。可以说，艺术和人工智能是西岸在上海的两个标杆。我们正在努力推动一个设计的产业基地计划，希望能把所有设计类的行业，包括建筑设计、产品设计、智能设计、平面设计等相关领域的机构及其由此拓展出的城市服务和生活空间，在西岸形成新的聚集区。

在西岸，建筑师的办公室是向公众开放的，希望能让公众更理解建筑师的工作，同时也搭建一个政府和开发商了解建筑师想法的空间媒介。随着龙美术馆、西岸艺术中心、油罐艺术中心的出现，政府和开发商越来越了解到艺术的运作规律以及艺术对于城市发展的作用。在这个过程中，建筑师、开发商、政府和公众是共同成长的。

或许西岸的艺术与人工智能双引擎发展的产业模式是特殊的，但建筑师以更主动的方式介入城市区域的建设里面的模式是可以复制的。

A04
我们用“园林思维”，改造了老旧小区

口述：童明　采写：孙一丹

PHOTO by 梓耘斋建筑

游廊外部临街，行人与小区居民都可以使用

公共空间：
人与场所
A04
公共空间：
人与场所
A04

游廊借用了苏州园林的设计策略，因地制宜，在小区的碎片空地里营造了一个公共活动的空间

PHOTO by 梓耘斋建筑

在中国的许多老旧小区，进入建成几十年的老住宅楼里，经常看到楼道是黑的，墙面是污的，地面是破损的，但是一推开居民的家门，里面是窗明几净的。家门之外的地方，基本上没人关心。公共环境的问题，小到在楼道里增加电梯，大到整个小区的物业管理，是目前我们的城市发展过程中面临的一个大问题。

位于上海市浦东区南码头路旁边的昌五小区就是这样一个典型的小区，建于20世纪90年代初，在浦东新区刚开发的时候，居民从市中心动迁到这里，形成了密集的居住区。因为当时的工程要求速度，这一大片的小区品质都不是很高，在设施配套、空间环境和建筑品质上有很多缺憾。北京、上海乃至全国都有大量的同一时期兴建的社区，到现在30多年的时间，很多问题都暴露了出来。

在这样的小区里，不仅是楼房里门窗、电梯、管线等硬件设施老化，更重要的是居民老龄化和公共参与机制的缺失。在新开发的小区里，居民交物业费，请物业公司对于小区做整体的维护、保安和清洁等，物业费即公共责任。但在许多老旧小区里，由于居民缺少公共性的概念和参与的机制，个体家庭对公共领域的责任义务不是很明朗，导致社区功能和环境的退化。大家如何能够形成一种合力，共同参与家园的建造和维护，是很重要的。

2018年上海拆违整治，把昌五小区沿边的违章商铺全部拆掉，留下了一片空地，并临时砌了一堵围墙。因为店面的进深有6—8米不等，这片空地便成了小区里的碎片空间，堆满了建筑垃圾，和居民的生活也没有什么关系。我们思考，如何将这块将近400米的长条空地为居民提供他们生活中所需要的功能，并有助于社区的邻里关系和居民的社会交往？

在上海类似的高密度老旧居住区里，可用的公共空间非常少，住宅楼之间的狭窄空地也很难利用。于是我们设计将墙边的碎片空地做成一个连续的、可以利用的长廊，根据墙面和住宅楼之间的距离变化，就像一根针线把中间的片段串起来，让居民获得一个拓展的空间环境。我们设计的是在这块角落空间里做一些健身步道、乒乓球桌、广场舞空间等，给居民使用。

然而，我们的提案在第一轮就遭到了居民的强烈反对。住在围墙边上的居民担心自己的私密性和安全性受到威胁，通过居委会反馈，拒绝了我们的改造方案。他们宁愿不要这些多功能的空间，保持当前类似于垃圾场的环境，也不愿意自己生活的周边环境变成公共活动的地方。

第一轮方案遭到抨击和否定，作为设计师的我们并没有很失落，这个协商的过程本身就是一种公共参与。如果没有这个改造的工程，居民就没有途径和载体来表达对生活环境的情绪或者愿望。如何让社区里的居民认识到公共环境的提升跟每个人都是相关的，并且看到大家的力量可以对社区的未来有实际贡献呢？这不是一个简单的建造围墙的物质性工程，而是通过改造的过程促进整个社区的社会结构，激发居民主动参与到公共空间的建设中。

与居民沟通过，我们对设计方案做了几轮调整，弱化了对居民区内侧的改动，维持它原有的比较封闭的状态。内侧仍然是一个安静的角落，而将公共空间的建造放到了临近街道的一侧，作为小区和道路之间的缓冲地带，增强与外部的互动。这堵墙对外是南码头路，街道空间的公共性可以得到更好的改善。这样一来，昌五小区的居民和周边社区的居民都可以在街道一侧使用这个空间，公共辐射性更大。

几轮设计方案落定，改造工程终于开始施工，然而在动工后，更大的矛盾和冲突产生了。因为这是一个敞开式的工地，不像一般的工地现场用棚子围起来，在这里，居民全程看着施工队进行改造。“这个不能放在我家门口”，“那边也要动一动”，在居民频繁的反馈下，我们根据意见进行调整，然而单户居民的意见和多数居民的往往很难平衡。更大的问题在于，已经在建设中的情况下，工程改动的成本较高，由地方街道出资的施工队负担已达到极限。就这样，工程一度停滞，我们被“千夫所指”，所有人都不满意。

我们希望这个改造项目可以容纳居民的参与，激发社会参与机制的产生，就一定会产生大量的互动性。如果是单纯

公共空间：
人与场所
A04
公共空间：
人与场所
A04

地砌一堵墙，施工的周期和工程量都会很清楚，并且很直观地可以让居民理解这里到底会改成什么样。然而，回廊里的公共空间在没有呈现出来之前，居民是很难理解的，施工不停的调动也放大了改造的复杂性和难度。由于疫情原因施工停滞了几个月，施工现场甚至一度成为“公共厕所”，居委会等社区组织也面临着巨大的压力。

在高强度的压力下，我们按照原有的设计方案和居民的反馈，调整改造完成了这片空地。由于原商铺的进深不同，围墙面与小区楼的墙面之间的距离不等，我们把这堵墙做成了波折形，碰到小区时就往外绕，碰到房子就往内绕，形成一个S形。这条廊道既是一条健身步道，也是一条附加的人行通道，年纪大的居民从北侧临街的菜市场买菜回家可以坐下来歇一歇，马路对面的小学放学的小学生也可以在这里找到几张写作业的桌子。原场地里有的树木全部保留，成为走廊的生动的景观，与场地的形状、周围环境和居民生活相配合。

廊道建成之后，居民的态度开始了反转。居民开始自发地使用这个空间，平常习惯在马路边打牌下棋的老人，把牌局自然挪到了走廊的藤架下。居民们不仅在行动上自发使用了廊道，心态也产生了转变，他们开始认为这是小区公共的资源，要把它维护起来，比如禁止他人再在内侧随地大小便。体验了公共空间的使用后，有人主动出来捍卫公共环境的品质、卫生和安全，开始有意识、有概念地参与到公共事务里，这是一个自然而然的过程。

通过一个项目激发社会责任感，是我们改造昌五小区围墙的初衷。当居民真正成为使用者的时候，他们会从使用者的角度提出各种看法和意见，就像一个主人，在有人乱搞的时候会去制止、规范，这对一个社区来讲是非常重要的。当所有的居民对整个公共环境都不关心的时候，整个社会就会逐渐走向消亡。而这个项目就是媒介，整个区域的共识性会被激发出来，居民激烈地表达反对意见，甚至吵架也是社会参与和责任感的体现。

昌五小区围墙段改造后，由于外形类似于苏州园林的回廊，我们将它命名为“昌里园”。昌里园滋生出参与性的土壤，居民不仅在这个区域里活动，也可以参与它的建设和改造，根据自己的日常生活的需求进行调整。在已有的主体结构下，空间单元可以灵活改变，比如葡萄藤架的位置和品种可以变换；建筑材料是最廉价的空心砖，小区内侧的墙体也可以轻而易举地拆掉或重新搭建。通过居委会，居民可以和施工队沟通，空间上的可能性以及居民参与方式的可能性是很多的。

我们希望通过这个项目，昌五小区的社区结构能够建立起来，如果居民有需求，可以通过组织表达出来，有效地对整个社区做出提升。如果居民内在的社会责任感和参与结构能够实现的话，走廊的物质性存在倒不重要了，哪怕拆了或者改变都没关系。建筑如何成为一种阶梯，让一个原先并不成型的社会结构逐步成型，辅助社会的公共性，才是最重要的。

这种建造过程，在建筑师与居民大量的互动中，介入城市真正的日常生活。城市并非总是庆典模式，不完美的日常现实可能更多。建筑是社会性的工作，要面对不同的社会人群和日常生活中琐碎的事。怎么样在城市建设里，用更灵活的策略与这种随时随地都在发生变化的社会语境产生交流和共鸣？这是对建筑师最大的挑战。怎么把城市环境建造得更加有生活性？需要这些小的更新来创造，也需要建筑师更多的对于日常生活而不总是光鲜亮丽的方面的关注。

昌里园表面看着是园林的形态，但更重要的是它借鉴的古典园林的思维，因地制宜、师法自然。把“园林思维”放到现代的语境里，就是建筑怎么去适应社会的需求。昌里园不是一个定制化的套路，而是在与居民不停的沟通、调整中成型的，以后仍然可以根据变化的需求而改变。中国城市里大规模、套路化的生产模式已经走到了极端，建筑师和城市规划工作者怎样更加有适配性地去调整，来应对不同的社会和人群。我们要开始思考并且探讨这个问题，面对这些不确定性。

为什么园林有特别的价值？因为大多数的园林在历史中一直都在变化甚至毁灭。它的生命力在于内在的策略和原则，园林是在跟现实世界的对话中产生的，比如里面的一个房子塌了，新建时会根据现场进行调整，每个地方对应具体的不同的做法，这种调整本身的发展和变化就非常多。而今天的建筑恰恰缺乏这种生态有机性。

在现代社会的语境里，在一个极其普通甚至简陋的居住小区，改造工程不是建筑师个人想法的表达，也不是居委会主任或者某个领导的想法，而应该是共同的小区居民的愿景和需求的表达。把园林思维带入现实生活中，就是与居民对话，关注于我们所处的社会的日常环境，做一个互动的、参与的、可调的、有弹性、有张力的设计与思考。

昌里园在某种程度上唤醒了原来社区里没有的公共生活。在过去二三十年间，我们的城市里建起大量的社区，在外表上出现了新的区域和房子，但内在的系统和机构并没有真正地城市化。我们的城市建设，居民常常被排除在外，是一个旁观者，只能被动地接受，没有任何主体意识，也没有能力能介入。在这样的前提下，我们习惯将所有公共环境的责任都由政府部门来单独承担，社区和居民并不是很重视。

对于社会的良性循环来说，这样的城市建设工程代价很大，一方面政府的财政资金要不停地投入，同时也削弱了每个社会分子的责任感和参与度，长远来讲是不可持续的。不仅如此，在服务供给方面也是不精确的，没法到位。我们往往看到在一场社区改造完了之后，依然是一地鸡毛，很多的死角或难弄的地方，不会改变。

最起码，昌里园提供了一种我们目前特别缺少的案例参考，就是在实质性的场地和现实的社会环境里面做建设，真正参与到城市和居民的日常生活里。无论是成功的还是失败的案例，都很重要。“昌里园”的形式也许不能适用于其他类似的小区，具体情况要因地制宜，但在现实中用“园林思维”改善平常生活、搭建起社会结构的方法，是可以推广的。

公共空间：
人与场所
A05

A05

拆除之外，城中村的另一种可能性是什么？

口述：孟岩　采写：孙一丹

PHOTO by UABB 张超

南头古城
鸟瞰

PHOTO by URBANUS都市实践

人们在
改造后的报德广场
休息玩耍

2020年是深圳经济特区成立40周年。回头看1980年，如今的交通干道深南路初建之时的老照片，除了山水就是村子，几乎注意不到这条路。这40年之间，深圳这座城市发生了什么？实际上，城市发展形成了两极化。深圳今天的中心城区，崇尚的是速度、效率、理性这些价值观，但与此同时，还有一个潜在的、几乎是一个平行世界的存在。那些藏匿其间的城中村是一种自发的、自下而上的成长，伴随着城市化的主流，在进行自我城市化。

根据深圳市规划与国土资源委员会（以下简称“规土委”）的统计，至2017年年底，深圳现存1044个城中村。多年来我们一直在寻找城中村的其他可能性，除了全部拆除，还有没有别的结局？

2016年，我们介入南头古城的改造中。南头是一座历史古城，离城市很近，慢慢地城市把它吞没，成了城中村。因为位置偏远，经济发展相对滞后，城内还保留了少量老房子，密度不太高，再加上原住民人口较多，社会和文化网络尚存，在深圳的众多城中村中是条件较好、适合改造的。那时就想，如果其他村子都没了，南头有没有可能存留下来？

调研中我们发现，南头古城在历史上曾经是“一线城市”，它控制着珠三角很大一片地区，包括今天的香港、珠海、澳门等。古城里外的历史痕迹无处不在，1700年前的东晋遗址在城门口被挖出来，南城门基座是明洪武年间的，包括东城门、祠堂等，20世纪六七十年代的建筑和当代的握手楼都保留着。它的历史从未中断，有一个完整的脉络。从南头历史也可以看出，深圳其实没那么年轻，

公共空间：
人与场所
A05
公共空间：
人与场所
A05

它从来都不是一个小渔村。

作为一个城村共生的有机体，南头城中村的范围几乎就是按照原来的历史古城的城墙发展的。城墙现在仍保留了少部分遗址，城内的“九街”格局仍然在，整个历史的肌理仍然在。于是我们希望将这些能够看出历史脉络的建筑保留，进行梳理并展示出来，从南门走进来到城内，一路都能看到各个历史时期存在的痕迹。古城改造中，常常涉及保存历史原真性和氛围营造这两种动力的博弈，我们认为，如果过度重塑某一段特定的历史情境，也会破坏历史层积的原真性和丰富性。历史的脉络就像地层一样，每一层都应该留住样本。

随着城市发展，人口密度和租金的提高，城中村也在生长。历史上深圳每一次试图控制城中村发展的时候，居民就开始抢建，于是村子又长大一圈。就像罗马不是一天建成的，城中村也不是，它在一次次的膨胀中长成了今天的样子。而南头变得更纠结，它既是个“名不副实”的古城，又是一个地地道道的城中村。城市管理者在过去的十几年里，始终想把南头恢复到一个“历史古城”的状态，今天在南头仍然能看到这种纠结，总有一种力量，想把它拉回到历史的某一个时段，也有另一种力量，在推动它自动往前走。

所以我们捋出了一条主线，沿着历史的空间脉络，找一些节点做公共空间改造，用最小的介入获得最大的效果。我们注意到，城内有一些公共空地，但没有积极地融入城市生活的日常里。在这样高密度的环境，四万人住在一起，既缺乏一个空间性的聚合中心，也没有一个精神性的交往中心。于是我们选择了中山南街和中山东西街交界的空场进行改造。它在20世纪70年代是人民公社的打谷场，八九十年代成了篮球场，地面是水磨石的，还有阅报栏，有很强的时代特征。我们借用了这里，把旁边的两个临时铁皮屋变成了南头文化中心和“南头议事厅”，给村里作为公共空间使用，希望居民能在这里定期进行公共议事和公益活动。在广场边上，我们做了两个大台阶，让大家可以很随意地走到上面休息，小孩也能跑来跑去的。我们试图重塑一种公共生活，而这些空间就是媒介。

在中心广场之外，我们将改革开放时期留下来的厂房进行改造变成创意聚落，引进创意机构，与其成为互补——报德广场更多是服务于原居民的生活空间，而新的市集空间可以为外来年轻人群和老住户共享，这样尽量减少对原住民生活的冲击。我们希望这两个空间和人群可以日久天长地去融合、共生，这应该是一个自然发生的过程。要给城市以时间，让它一点点地自己产生机会去自然生长，而不是把居民的生活快速进行置换。

“大家乐舞台”是一个棚子，在深圳打工潮最热的年代，年轻的女工男工在工厂工作之余来这里表演，唱卡拉OK，联络感情。当年在深圳遍布有上百个这样的舞台，现在已经基本全被拆光。这是一个平民的、不用花钱消费的公共空间，下雨天老百姓可以躲在里面打麻将，是日常生活的一部分。我们对它进行改造和修缮，2017年12月深港城市/建筑双年展在南头古城举行，开幕式论坛就在这个露台上开展。

双年展其实是个城市实验和改造示范，通过壁画、装置、介入新的作品等等，把南头老的东西读出来，新的东西植进去，让城市和城中村长在一起，彼此融合，让大家看到深圳城中村除了拆除外的另一个未来发展的可能性。可惜的是，随着深港城市/建筑双年展闭幕，很多已经开始的计划中断了，改造的方向也发生了一些变化。南头议事厅的最后一次议事是在闭幕当天举办了关于城中村未来问题的论坛，从此停滞；“大家乐舞台”在近期已被拆除。在双年展结束后的两年里，我们没能继续介入南头的改造，而是由地产商来主导，虽然在一定程度上沿袭了我们开始的改造策略，但由于立场和价值观的差异加之项目时间紧迫，许多本应留存的历史层积还是在大刀阔斧的改造中丧失了。

在城中村改造的过程中，一定存在着矛盾和利益的博弈，关键是城市的公共利益到底应该依据什么来判断？决定这些东西去留的时候，有没有一个具有公共意识的机制，对城市的公共空间和公共利益进行管理？在政府和开发商之间，需要一个独立的第三方来做协调，可以是一群专家学者或专业机构，这是我们想留给南头的最大的制度遗产。这几年我们一直希望借助南头更新推动建立一个平台，由政府、开发商、村民、股份公司、社会人文学者、建筑师、规划师、艺术家等各个层面的人组成，有一个共同议事的机构，这些事情可能有更完美的解决方案。

然而，我们的城市化已经40年，大家仍然认为一次性快速见效的、疾风暴雨式的更新才是好的方式。在双年展闭幕三年之后，南头古城由从前少人关注的城中村走向了另一个极端，变成了更偏旅游性质的网红小镇。原来居民常去的糖水店，变成了网红咖啡店。现在走在南街上，在网红店之外也没有更多选择，这好像是在被一种新的生活方式强势裹挟。改造的模式决定了城市的命运，我们希望能更轻一点，更慢一些，更不要用力过猛。其实，城内原生态的店铺和新入驻的商家是可以共生的，一次性将它们置换掉，会将城市变成另一种同质化。

在之前改造的过程中，也有居民提出过反对意见，比如在修缮位于城中心的报德广场的时候，我们计划做一面大型壁画，而正面对着广场这家的居民一开始很抵触。他认为，大运会的时候就全部粉刷过一次，现在又要重新粉刷，干扰了他的日常生活。于是我们和他协商，给他们看方案，画一些吉祥的动植物主题，并且在破烂的地方进行修缮，最终他非常高兴地同意了改造。在改造的过程中，决定权和主导权应该在居民。如果缺乏一种有效的协商机制，或者只是在改造前十几天才通知居民的话，自然会引发不满。

南头古城的改造是对城中村未来改造模式的一个实验，城中村永远在不停的变化中，只要不拆它，就会有办法。这跟我们现在城市的建造模式是完全不一样的。地产商开发了高楼大厦之后城市是固定的，是很难改变的，但城中村不一样，它永远是进行时。

南头的城中村有非常强的活力，这份活力很可能给我们的城市病提供一份药方。比如村里的篮球场，白天打篮球，晚上出烧烤摊，不同的时段做不同的事情。还有街边的一个商店，不同时段卖豆腐或卖衣服，由于地小，空间紧张，店主要精细化管理。它们之所以能这么生存，背后是一套城中村生长的模式。城中村问题，也是关于我们的城市未来的问题。

双年展在南头闭幕后的2019年，深圳市规划和自然资源局出台了一个深圳城中村的综合整治总体规划，在2025年以内的7年规划期限内，综合整治分区划定对象为全市城中村的居住用地，该范围内的用地不得纳入拆除重建类城市更新单元计划、土地整备计划及棚户区改造计划。其中福田区、罗湖区和南山区综合整治分区划定比例不低于 75%，其余各区不低于 54%。虽然不能保证2025年以后不拆，但是城中村有了这些年的充分的生长空间。虽然其他的城中村也许不如南头的整体情况好，但每一个都有它非常独特的历史。

只要城中村能活下来，给它时间，就有各种各样的可能性。

B02

《富春山居图》里的感受，在今天怎么找回来？

口述：王澍　采写：孙一丹

PHOTO by 吕恒中

馆内空间
也设置了
高低起伏的内山

PHOTO by 吕恒中

富春山馆的屋顶，
由几座连绵起伏的
山脊构成

在设计富春山馆之前，我已经设计过很多美术馆、博物馆，对国内这些场馆的建设以及它们在城市中起的作用，开始有些质疑。当富阳的工作人员邀请我做一个能够体现《富春山居图》的建筑的时候，我就提出了一个问题：《富春山居图》实际上讲的是自然环境和村居的关系，山还在，水还在，自然环境还在，但是村居还在不在？

我决定先做一个全县的村居调研，再根据调研的情况决定是否做馆。于是，我和学生们走遍了县里290多个村子，最后得出结论，像《富春山居图》上画的那种中国传统的、和自然融为一体的村居，还剩下不到20个。由于富阳县靠近大城市，经济发展得比较早，传统村落基本上都已经拆光了。于是我们选中了文村，同时进行乡村改造和富春山馆的建设，并将二者的经验共享。

《富春山居图》这张画表现的是一个文人的乌托邦。画上有富阳美丽的山水，但建筑和人很少，而且都躲在树的后面，很多人甚至以为这张画里是没有人的。对今天的社会来说，它最核心的问题就是，我们还能不能体会到在自然山水之间生活的乐趣？那种面对自然的、中国人的生活审美还能不能回得来？

今天的博物馆、美术馆等公共空间，在城市中本应成为一个有精神归属感的文化场所，但这样的场所在当今是缺失的。所以我想设计一组建筑，能够让人有直接的浸入式的体验，体会到在天地之间、在山水之间生活是什么感觉。

黄公望是宋山水画的传承人，他把北宋的山水画，用元代的当代语言表现出来。参照《富春山居图》，富春山馆用的便是典型的宋代山水画的结构。首先，山是有主次的，富春山馆有三个建筑体，博物馆和美术馆是山水画里面的主山，旁边的档案馆是次山，山体中间隔了像山谷一样的空间。其次，山是有远近的。我们在生活中经常看到的景象是，要么

建筑设计：
人与建筑
B02
建筑设计：
人与建筑
B02

近处水雾朦胧，要么远处的山只有笼统的剪影，然而在黄公望的画上，远山、近山一起被清楚地看到，这件事情在现实里是不可能发生的。

于是，我在建筑里做了一个"远山"的结构，使得远山、近山在一个不远的距离同时被看到，这是典型的绘画结构。站在双曲面的屋顶，人处于双曲面的低点，屋顶的尺度、铺天盖地的石头以及红色的回收材料等把人包裹在一个环境里，感受是非常震撼的。这种设计更像是情景剧场，建筑提供了某种情景性的烘托和暗示，把山水的力量调动起来。富春山馆是中国建筑里面第一座自带远山的建筑，我用建筑把绘画的感觉表现出来了。

除了山水画里基础的远近主次等距离，我还细致地在建筑语言和空间设计上运用了黄公望"三远法"的独特画理。黄公望对山水画的理论很有心得，写过一篇《写山水诀》。传统中国山水画有"三远法"，即平远、深远、高远，而黄公望对"三远"里面的每一种远都有自己的看法。

首先是平远，黄公望写平远是从自己这里、近处开始，之后一层一层地向远处逐渐退去。这个理念不仅让我对绘画有了新的理解，它还解决了建筑里的一个大问题——在山水之间，4万平方米体量的馆，从城市的观看方向，怎样才能感觉建筑不大，而且和山水很融合呢？

在这个建筑和人最接近的地方，主体的高度只有6米左右，人站在建筑前，整个体量是消失的。从建筑的入口附近，我顺势设计了一系列高台，从不高的地方就能登上屋顶，一层一层地往上走，而且很自然的、不需要很多楼梯或坡道，像爬山一样就能走上去。这一点是黄公望的平远法教给我的。

如果想要看到建筑的全貌，就像看到山水画的全景一样，中国的绘画都有一个观看的地方，你从哪里看？黄公望的山水画跟北宋的山水画一脉相承，"正观山水"要有一个端正的观看的位置，就像一个人一样堂堂正正地面对你，你也要堂堂正正地面对他。于是我就在山下做了一个"观山厅"，即水边的带有双曲面屋顶的一座平房，从那儿能看到建筑的整体。如果我这个建筑是一大张山水画的话，观众坐在那儿看是最理想的位置和角度。

黄公望的第二远也很特别，不是"深远"，而是"阔远"。那是什么感觉？我隔着水看着对面的一座山，山横向展开，它超出了我的眼睛正常的观看范围，那种横向宽阔的感觉，是黄公望一直在追求的。在富春山馆，我有意识地设置了观看的距离，通过对水的控制，使得建筑离人很近。在观山厅，人能直接感觉到山的磅礴的气势，但是用超广角的鱼眼镜头也拍不下来，这是绘画和建筑才能做得到的。

站在山的最高处环顾四周，可以看得很远，这是黄公望的第三远"高远"。常规的"高远"是人站在一个垂直的峭壁之前朝上仰望，类似于范宽的《溪山行旅图》，但黄公望是站在山顶。于是在富春山馆这组建筑里，我从底层到屋顶设置了一系列共六个高台，在路径当中有意地控制人在不同高度、不同远近对建筑的认识，对中国画里面"远近高低"四字做了丰富的推演。人从平地走到屋顶，就体会到了真实的山的丰富性。

"三远法"其实是一种路径，它能够使得人真正体会到山是什么。将《富春山居图》代入这个建筑里，通过不同的观看方法，可以体会到山的感觉。富春山居的山有了，水在哪里？在画里，山和水之间是自然的连接，而今天富春江边是人工修的防洪大堤，山和水的交接处完全不存在了。让人直接能感受到水，入口的水景设计就很重要。于是从一进门的山脚区域开始，我设计了建筑和水面接触，一系列的公共空间都围绕着水展开。在富春山馆，我用了片段化的手法，把山和水怎样自然交接重新演绎了一遍。

山和水有了，最后"居"是什么？山顶上，我设计了两个方盒子一样的小亭子，里面有厕所、茶水间等，如果要在屋顶上搞大型的活动，它们可以提供服务设施。除了实用功能，它又是一个很哲学的观念。这么大的三个馆，美术馆、博物馆、档案馆，其实都只是一群山而已。只有屋顶上那两个小小的小盒子是建筑，其他都不是。

参照《富春山居图》的绘画理念建造富春山馆，其实我想解决的问题就是，在这个时代，当我们不得不因为功能的要求，建造体量庞大的现代建筑的时候，这样的建筑怎么能够和南方低山弱水的景象相和谐？建筑需要通过设计，提供一种条件，当大家站在屋顶上的时候，才会体会到在自然的山水之间生活的感受，才能真的重新看见自然。

富春山馆想把已经跟自然疏离的现代都市人通过建筑的语境，带回到对自然的兴趣和欣赏上。我认为建筑有能力从功利的现实当中，切割出一个不太一样的世界。即使人身处在真实的山水中时，也可能不会意识到周围的环境，但建筑提供了一个场景和平台，使得人对空间和山水的感受是很强烈的。这种方式就像邀请人们去参加一个既定世界的经验和意识，让他们去感受。

想要做到这一点，建筑语言上就需要"邀请感"。不只是视觉造型上给人审美，更要让人的身体可以直接体验到、接触到、感知到，充分调动人的所有感官。比如当你闭上眼睛，会发现建筑里不同的地方，风吹过的感觉都不一样；用手去摸，会发现墙壁丰富的肌理；走路的时候，脚感特别丰富，一会儿是台阶，一会儿是坡道，台面一会儿是细腻的，一会儿是粗糙的；最低层将高度设计得较低，再一层层上去，让人可以没有压迫感地去参观……邀请感是通过一层一层的惊喜逐渐实现的。

除了建筑语言的设计，"邀请感"的核心其实是去主体、去中心的审美观。与突出自己、炫耀造型等所谓的标志性建筑不同，富春山馆是对周围山水的致敬。这是我一直坚持的观念，在中国人的文化意识里头，自然比我们做的事情更重要。黄公望的山水画用尊重的态度来画自然，用含蓄的方法表示对当时人间社会的不屑，我们把中国传统山水画的这种批判性放到现代建筑的语境里，核心思想就是对自然的尊重谦逊的态度。

在一个高度视觉化、标志性的社会里，富春山馆制造了一种反视觉、反标志性的建筑，把今天建筑学的基本观念全部给颠覆掉。在富春山馆拍照片是很难取景的，你到现场被感动得一塌糊涂，但就是拍不出来感受到的感觉，这是反视觉化的、故意为之的设计。为了把这个建筑隐藏在山水之间，临街的建筑只

建筑设计：
人与建筑
B02
建筑设计：
人与建筑
B02

做了6米，刚一走进富春山馆的院落，很多人都意识不到这是一个高大上的美术馆、博物馆，还以为是个公园，自然而然地就走进去了。

作为一个公共空间，富春山馆的馆内外提供了多种路径，人顺着山势上去，可以正着走、侧着走、折线走，给人以选择如何感受这个空间。比如，你可以先进去看展览，一层一层地走上去，走到内部空间的最高处会出现连续的坡道，顺着坡道就会从建筑的最高台钻出屋顶，从第6层台开始，缓缓顺着山势，变换走楼梯、走坡道的走法，一层层走下去，就又走回了入口的水边。假如展览你已经看过了，到这儿来就是想上屋顶遛一圈，从外面也有一条独立的路线。

展览馆之外，建筑的外部空间如水景、屋顶等，都是对公众开放的空间。我设想了一系列居民可能在这里进行的公共活动，比如最底下的台可以用来进行当地戏曲等小型的表演，中间大台上可以跳广场舞，最高处的屋顶可以搞小型的交响音乐会。它是一系列的可以发生各种公共空间事件的场所的设置。

场所设计是带有暗示性的，我一直期待着，想看看这些预想的事情会不会发生。第一年，大家还不知道该怎么用这个建筑，而今年夏天，当地人就组织了多场消夏纳凉的文艺晚会，开始使用。我把今天的人的大型公共生活引入这个环境里，这是黄公望的画上所没有的，但我觉得今天该有的，也是我对《富春山居图》破题的地方。

现代语境里的富春山馆不只是空间，也是空间与公共事件的结合。馆建成之后，我在幕后推动了美术馆的第一个当代山水画的展览《山水宣言》，邀请了国内最前面的一批山水画家过来做展。建筑师应该让建筑在城市里头发挥尽可能大的作用，为未来可能发生的各种事件埋下伏笔，做出诱导，甚至需要给当地人做出示范，像这样一种新观念的空间如何应用，展览应该怎么做，相当于给了居民使用说明书。

富阳不是传统意义上的农村，当地的文化传统是很浓厚的。这个地方黄公望待过，还是郁达夫的故乡，喜欢写诗作画的人很多，文化活动也一直很丰富。我期望富春山馆不只是一个建筑，更是某种范式，影响到一个地区甚至整个城市和建筑文化的发展方向，让富阳当地山水画的传统文化再次发光。

建筑是带着社会文化认同和归属的属性的，这是建筑本身所具有的一种力量。我是谁？我从哪里来？这些基本问题是一个建筑要去表现和回答的。想要找到建筑的归属感，除了建筑师本身的建筑语言的引导外，挖掘当地的传统工艺，和当地工匠合作、碰撞也很重要。

建造富春山馆的同时，文村居民住宅的改造也在进行。我在文村调查时发现，一个普通农民家在护墙的墙角，会用金砖的空斗，中间再用最普通的块石来进行填充，某天房子塌了一角、老砖没有了，就用新烧的红砖又填充一部分。这些修修补补的填充，就像是某种浑然天成的闭环，特别美，又特别朴素。我从农村学来了这个语言，整个富春山馆的墙体铺排用了混合的材料，有当地的黑石头、鹅卵石、回收的青砖和最普通的红砖。这种多样性，是中国传统文化的关键。

在建筑语言上，最高难度的便是富春山馆的屋顶的材料砌筑。当时有两组工匠互相较劲，各砌一部分，比赛看谁砌得更接近于我想要的效果。然而，我想要的效果可能是一个特别了不起的画家才画得出来的感觉，但建筑材料是很真实的，不可能完全和画画一样操作，于是迟迟做不好。后来我想，工匠的思维需要一个具象的指引。有一天傍晚，我站在屋顶上，看见富春江边天上全是晚霞，想到屋顶的材料有一部分就是回收的20世纪七八十年代厂房的红颜色的机制瓦。于是我灵机一动跟他们讲，只要能够把晚霞的效果砌在屋顶上，就成功了。我教他们仔细地琢磨晚霞的方向、颜色以及形成的肌理，又过了三四天去看，他们就砌成了，真的把天上的感觉记在了屋顶上。

这就是中国工匠在中国文化的浸染之中，建筑师正好点对了点子后，一下子产生的共鸣。如果让工匠自己做，他们永远都会按照土生的建筑语言，像以前农村的印花布一样制作均匀的图案和花纹，而不会出现山水画上的笔法的变化。我作为建筑师，在现场对他们进行反复的引导和刺激，传统工艺在与现代技术相互碰撞的过程中，产生了某种自下而上的变化。建筑不是由建筑师一个人做成的，而是由几千只手共同做成的，这是我想要的。

富春山馆展示了一个大型的公共建筑物怎么样真正和自然环境协调对话，怎么样和自己的文化传统产生某种创造性的继承关系，怎么样能够为这个时代的市民公共生活提供高质量的空间和更开放的可能性。

然而，在城市更新的大背景下，它跟整个城市的建设方向是唱反调的。富春山馆刚刚造好，大家都觉得美得像画一样，紧接着旁边就有一个巨大的商业房地产跟着做了起来，这个环境和意境一下子就变了。这是中国社会的现实，这个建筑处于新城中心最贵的地段，我们试图做出不同的示范，但追求经济短期利益的大趋势很难扭转。这种想表现自然山水和人的关系的诗意，很难实现。

不过让我觉得欣慰的是，即使大家好像都已经淡忘了诗意，或者完全忘掉了自然和中国的传统，但很多人去了富春山馆这样的建筑之后，都有被打了一下的感觉，一下子被唤醒了。建筑在这一点上，是有它特殊的力量的；而且这种力量，不是通过造型美不美来传递，而是通过人们自己的体验感受到的。

什么样的容器，可以展出景德镇？

建筑设计：
人与建筑
B03

口述：朱锫　采写：李明洁

PHOTO by 是然建筑

自展厅
观户外剧场

PHOTO by 是然建筑

开放的
拱券

一个公共建筑如何跟社区建立关联，如何融入当地的生活？这是我思考景德镇御窑博物馆设计的起点。

我去过特别多的博物馆，都是用大台阶做入口，进去的空间也一样：一个好几层高的大厅，立几根大柱子。在这里展汽车、展画作、展什么都可以，和展品没有任何关联，而且很封闭。

外面包裹着“黑盒子”，屋里是符号化的“小明星”。来到门口的人没有被欢迎，直接感到和这个博物馆说的不是同一种语言，不得不掉头就走了。

建筑的亲近感一定要从尊重当地人的生活开始。来到景德镇之后，我发现这个城市有着很有趣的城市肌理，“因窑而生，因瓷而盛”，人们远道而来，依山而建、择水而居。城市的基本需要是木材，能运输，还有瓷土，这里人们终生的劳作就是建窑做瓷。于是，瓷窑、作坊、居住三位一体，构成了城市的一个个小单元，城市的雏形和结构也因此诞生。一条条狭窄的里弄连接着万千私家民窑沿东西向布置，径直走向昌江，几条城市的主街平行于昌江沿南北布置，将市场连在一起。

千年窑火未断，完全依照自然的方式生长。景德镇这样的城市结构不仅反映了当地人的生活、生存方式，更是城市应对湿热气候的智慧反映。

来到城市景德镇和居民、挛窑师傅聊天的时候，我发现实际上每个人对于博物馆的理解都不一样，多数人会将它等同于陈列，只关心收不收门票，不相信博物馆会有许多的公共活动。同时也有许多文物工作者更关心，未来这些老的柴窑能否继续生存，因为现在的电窑、气窑已经逐渐取代了传统的柴窑。

三四次在景德镇的考察之后，我心里已经有了许多对博物馆的憧憬，但是以什么形式、怎样的结构方式、何种材料去实现它，脑子里还是虚的。

直到有一次，我在御窑博物馆七八十米外闲逛，偶然看到了工匠们正在重修徐家窑，垒砖窑的时候没有用脚手架，完全靠人的手指，做出一个双面的拱券。墙壁的厚度就是24厘米，也就是一块砖的垂直厚度。

观察拱券时，我忽然意识到建筑应该像管道一样通风，并且看到了以窑为原型建造博物馆的当代性与批判性：既解决生态能源问题，又与自然和历史产生了根源性的联系。渐渐我就坚定了这样的一个做法。

而且，这里的人们也把窑当作了生活的一个中心——它不仅仅是做瓷的地方，更重要的是人彼此之间生活和交往的地方。

冬天的景德镇特别寒冷，人们就会利用柴窑的余温，在里面做工、洗衣服、洗澡；上学途中的小孩，也会从瓷窑上捡一块滚热的压窑砖塞进书包抱在怀中，凭借砖的温度，获取温暖。窑实际上是就像这里的DNA，像血液一样融入记忆。

御窑周边到处都是私家民窑，张家窑、李家窑、王家窑，夏天的时候，人们也在里面乘阴凉，下雨的时候也在屋顶的出檐下避雨。窑里边是空洞的，有各种低矮的空间，大家于是还可以在这儿做游戏，年轻人也在黑黑的环境里谈恋爱。所以这也成了他们的一个公共空间，这些窑里的场景，这种丰富的活动，带给了我对于博物馆的角色的很多启发。

御窑博物馆后来的设计，直到建成，就是由八个大小不一、体量各异的线状砖拱形结构组成，沿南北长向布置，它们若即若离，有实有虚，以恰当的尺度植入于复杂的地段之中。

当人们行走过沙沙作响的碎石地面，跨越平静的水面之后，便可缓步进御窑博物馆的门厅。门厅和展厅都是宜人的小尺度设计，有心的游客能看出空间一层一层的穿透与变化，像一个一个的聚落，不会感觉到博物馆其实有一万多平方米的体量。

建筑对我来说，既是空间的，又是时间的，所以当人去体验一个空间的大小、明暗，嗅觉、触觉、视觉综合发生效应的时候，才能有感悟，才能跟它发生真实的交流。

很多人说建筑是凝固的音乐，但我理解建筑也可以像音乐一样有着空间的流动性，其中最重要的就是“可游”。也就是说，很多的空间，必须让人在里面有欲望。实际上，如果说我把所有的拱都做成一样，把所有的空间的内容都做成一样，光线都一样，就让人没有了行走的欲望。

每一个拱券之间的这种自然光线，会塑造很多诱人的场景。 从户外进入室内，然后进入半户外，又进入不同的高度，人在其中行走的感觉很像流动的音乐。透过玻璃和木制交错的窗户，时而能看到一些老宅、故居，时而看到居民楼、工厂的烟囱，以及不远处的龙珠阁。坐在茶室的时候，又只能俯身低头通过横缝看到外面的水面，暗示着我们的注意力实际上像长卷一样，发生在阴阳的光影之间。种种情景，也塑造了非常丰富的和人身体之间的关联。

这种偶然的介入，使整个建筑产生一种生动性。实际上我一直在尝试，如何将当代的博物馆，营建成一种多孔的、像海绵一样可穿越的空间。

与此同时，建筑建成的时候，并不是它完成的时候。好的建筑最终的形成，真是牵涉到方方面面，其中最需要的是与外界交流。

我还有一个特别坚持的设计观念：建筑应该是不完整的。因为你要是彻底做完了，别人也进不去了，事情也进不去了，窗户也进不去了，故事也进不去。但是当建筑不完整时，我们就能去填充想象力，去尝试给出自己的解读。

就比如说遗址边上的小阶梯，你可以把它当作一个小剧场，学生们坐在这儿，老师在前面讲话。也可以在下雨的时候，坐在这儿避雨。开放的拱券，给了人们虽然不进入博物馆但是也能从远端看到博物馆里展览的机会。

是否可以避免像很多博物馆一样，必须得卖很贵的门票去维持自己的“生命”，下午五点钟就关门闭客了？实际上这不是被建筑师规定的，也不是我们建筑师所能想象的，应该给别人留出想象的空间，给别人留出创造性的地方。

我期待更多公共性的活动在这里发生。

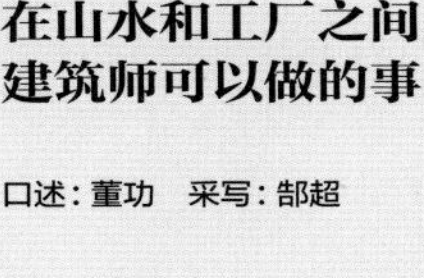

B04

在山水和工厂之间，建筑师可以做的事

口述：董功　采写：郜超

糖舍酒店
景观水池

PHOTO by 陈颢

PHOTO by 苏圣亮

糖舍酒店

2013年夏天，趁项目的前期调研，我第一次去桂林。此时是连续的雨季，我们抵达阳朔的场地时，大概是下午四五点，天色已暗，但是雨一直在下。场地紧挨着从阳朔机场进城的305省道，周围是山，南边就是漓江。

根据资料，场地中央的老糖厂曾做过一次保护性的修缮，所以看起来质量还挺好。厂区相当于一个节点，把周围的山水和国道连接在一起。场地的状态可以用“空”来形容：一个黑枕木铺的广场，灰砖黑瓦的老糖厂在中间。一下雨，墙的颜色更深了，像一个幽灵一样。

在厂房周围，喀斯特地貌的山体坡度在七八十度，几乎垂直，和我在北京看到的绵延匍匐的山特别不同。再加上阳朔一下雨就有雾，云彩就在半山腰，一层层的山体、乌云，神秘又情绪化，整体感觉并不是日常生活中的场景，它们好像一下把我拽到了某种仙境，有一点超现实的感觉，又好像另外一个世界。

这些地貌形成的景象被建筑师看到时，除了提供纯景观上、视觉上的信息以外，其背后一定藏着地理对当地文化

建筑设计：
人与建筑
B04
建筑设计：
人与建筑
B04

的长期影响，这种影响可能是千年或者更长时间的地理，长期作用到人的生活。人的生活顺应这种这种气势，又反过来影响了地理的某种感受。就像西藏、甘肃地区，那里给我的感受不仅是山水，更是山水造就的整体氛围，这个氛围里包括村落、居民，甚至人的笑容方式。它们构成了当地人的生活和城市的形态。

但是在阳朔这种敏感的历史地区，它的整体风貌往往有严格的规范，有时显得教条。比如必须用黑瓦、白墙、花格窗，都是那种折中的、复古的、讲究民族情调的状态。建筑师做的大部分是：按照这个规范的思路，尽量去做一些新的东西。

但如果建筑师没有足够的韧性，就很容易被规范束缚住，这个城市也就少了一点有当代品质的、有活力的东西。实际上，这些束缚住建筑师的价值，并不存在于糖厂周围的风貌里——糖厂不在阳朔的城里，周围没有阳朔所谓风貌保护的那种旧街区的肌理。

相反，老糖厂是一座很有力量的、直率、诚实的工业建筑，旁边是自然的山水，其语境和历史街区保护完全不同。

糖厂不仅是一个建筑的遗迹，它其实寄托了当地人的情感关系、生活故事。阳朔地处偏远地区，在历史上经济本就不发达。老糖厂建于1960年代，是当地甘蔗经济工业化的产物。它虽然地处偏远，却登上过1972年《解放军画报》的封面，可见其曾经的辉煌。

我们在调研时，一天聊了大概七八个糖厂曾经的老工人，他们还在阳朔生活，都已经六七十岁左右。他们告诉我，在计划经济时代，谁家有孩子能在糖厂里工作，那都是很光荣的事儿，会令全家骄傲。在那个时代的国际环境下，工业不仅是老百姓生活的状态，还是一个国家的意义在何方的问题，它会成为老百姓的一种普遍认知。在老工人身上可以看到那种遗留到现在的光荣感。

但是1980年代市场经济之后，这个格局就变了；到了1990年代，为了保护漓江的生态环境，漓江边上的工厂，包括这个糖厂在内，全部停产了。糖厂经过常年的气候形成的雨水的冲刷，其外层材料被风化，时间的某种痕迹在它的表面罩了一层很统一的东西，不再仅仅是功能和结构，而是成为一个“物体”，我把它称作“物体化”的过程。

我非常相信这种建筑与场地之间的生长的关系，场地一定要打动你，但绝不限于所谓美丽的风景。场地后面那一层一层的信息，会影响我在做设计时的感受性判断，比如说材料、光线、整体空间氛围的选择。

幸而当时业主很有魄力，他们希望围绕老厂房建成的新房子，能够成为阳朔第一个真正有当代品质的建筑。不过，怎么去处理新与旧的关系呢？

在度假酒店的设计中，游走体验是非常重要的。动线的设计、体量分配的主次关系、空间层次，这些多重因素都在影响这件事。我们首先用一个很长的集约型的体量去消化110间标准客房的功能需求。新建筑沿路展开，从院子大门进入，左手边是一条窄路，两边是竹子，大概要走二三十米。这个过程中，客人看不清场地的全貌，但会意识到：我即将进入一个场所里面。最后，客人拐进来，来到中央广场区域，从人经常活动的这个方向看去，新房子和这面山体的高度和尺度，都比老糖厂小，好像是衬托的面了。在经过这些重新的设计后，老糖厂的体量和进退的构造，使老糖厂仍然成为这个场地核心的主角，它还在控制整个场地。

同时，我们做周围的新建筑时，刻意把它们处理成“物体”，也与老糖厂的“物体化”呼应。我认为老糖厂边的这两个新建筑，最好能够用最单纯的方式出现，达到“去建筑化”的目的。因为新房子12000平方米，老糖厂原来才3000平方米，如果建筑师没有这个意识，是很容易让新房子压过老糖厂的。

对所谓“物体化”打一个比方：都市里的写字楼，下面装个玻璃，上面抹个角，这里有个檐，那里有柱子、有开窗，在我看来这就不是“物体”。但是糖舍的建筑，其实弱化了所有这种正统意义上的构建化的建筑处理，成为一个更抽象的体量。

例如新房子的整个界面都很单纯，我们希望建筑在做任何空间的处理时都不要往外凸，而是往里掏的状态。例如我们在建筑中间挑了三个地方，做了穿透式的空间处理，我把它叫作“溶洞空间”。其实它的灵感来自喀斯特地形特有溶洞，也来自村民开凿的山路。透过“溶洞空间”，客人也能看到对面山体漂亮的岩石肌理。

我们通过构造去把材料组织在一起，变成一个能够站得住的结构，最终呈现出和谐的整体。新房子外立面的主要材料，是混凝土的回字形空心砖，每两层回字形砖之间，有一层石质垫块，用料则是当地的白沙岩。所以它的外墙是被“砌”出来的。

远望，这个房子会显得很均质，以表达和旧的建筑的连续性。它没有那么强烈的尺度感，更像山水之间的一块石头。但是当你走近时，又会发现这里还有另外一层信息向你打开。

这层信息首先来源于我特别强调的建造的过程。因为新建筑的外墙是“砌”出来的，老糖厂的建筑也普遍采用“砖砌”，二者间会产生某种很含蓄的关系。人工劳动的逻辑和用机器吊起大玻璃或者大钢板的逻辑是不同的。“砌”意味着人手得拿动，工人能够很容易地搬运、抹灰、固定，所以砖的尺寸也经过仔细的考量。

同时，混凝土是属于我们这个时代的，代表着当代的材料性能。我们把砖做成一个镂空的状态，其实是对这个材料的性能的利用或者挑战。因为，只有混凝土才能做成这种比例——壁这么薄，镂空这么大，但是它是结实的。如果照搬老房子的材料黏土，这样的结构是无法支撑的。况且老房子用的黏土砖已经是一种不环保的材料，它是1950年代工业条件的产物。

这样比去普通地建一个民俗化的建筑物深刻得多。新房子的性能仍然是当代的，但是在建造的伦理上，老糖厂和新建筑就变成一个家族了。

当然，房子不能仅是简单好看，还得为人的生活创造舒适感，这都是建筑师天天琢磨的事。新房子室内光线弥漫的氛围，跟每一块砖的设计，跟镂空、构造、材料都有关系，同时还要确保安全性。好的设计需要所有这些因素咬合在一起相互支持。

例如，为了真实地模拟透光度，我们为这种回字形砖做了很多1：1的模型。最后因为成本原因，业主自己组织了几位工人研究生产机器，在马路对面开了

C02
**逃离大城市的疏离，
在海边造一个社区**

口述：马寅　整理：李明洁

一个专门做这种砖的作坊。最终的结果是，新建筑的墙面因为镂空的风光都可以让这个环境变得很舒服，这是材料的性能影响了空间的性能。

在回字形砖内，还有一条平行于客房功能流线的漫步系统，外侧是一条宽1.25米的线性的内嵌进去的步道系统，内侧是1.25米的功能性的走廊。但是步道系统并不是每层都有，在没有的地方，我们把这2.5米的空间分给内部通高的垂拔；通高的空间又配合着连续的天窗。这样，阳光可以在一天中的某个时间段，从五层一下穿透到下面一层、二层的空间。

光的介入让建筑空间产生了某种带有生命感的隐喻。因为建筑实际上都是硬的、死的物体，但光随着季节、时间而变化；从早晨到夕阳，我们每天都在接受光的潜移默化的影响。这背后更大尺度的节奏是两个星球的公转自转——在两个星球的连线间，光经过的1.5亿公里的地日距离，大部分时间都是在空间里“直线”穿行，直到最后几十米的建筑，光才开始被建筑导引、折射、反射、遮挡产生阴影，呈现出一种人文化的光环境。一个建筑、一个空间怎么引入光、怎么过滤光，能够影响的空间氛围。这样一想，你就会觉得光对建筑是一个特别有意义的事儿。

我一直质疑的是，建筑界存在一种方向，即不积极关注材料结构、建造、光线等建筑本体性的话题，而是将社会意义上的政治正确作为建筑的主要价值尺度。当然，建筑确实是一个带有强烈的社会性的领域。建筑无论呈现在什么地方，都不是属于建筑师的，而是属于使用者，属于城市，属于自然的。作为一个建筑师，这些正确的事情、积极的意义的确需要去关注，但是关注的方法是用好的空间、优秀的建筑去回应，而不是变成一个仅仅是喊口号的建筑师。好的建筑，可以穿透这些所谓政治正确的限定。

我理解的好的建筑、好的房子、好的空间，会成为地球上的一个地点，用建筑的术语可能是：它形成了一个很具体的“场所”。它不一定是那种炫耀的场所，但它是一个伴随着强烈氛围的存在。这也是我们在糖舍项目上的初衷。

阿那亚戏剧节

PHOTO by 快手

海边孤独的图书馆

PHOTO by 在野造物所

2015年的夏天，一条视频拍摄的“孤独图书馆”发布，这块“沙滩上长出来的石头”陆续吸引了7亿次的网络点击量，一年55万人来参观。火爆程度对当时的我和建筑师董功来说，都是实实在在的意外，没想到我们创造出来的精神空间能触动那么多人的情绪。

它并不完全是个传统的图书馆，起点就是对一种感受的复原。最初我想海边弄一个读书的地儿，是因为意外在新西兰看到了一个场景：一个咖啡馆里，面对大海的方向有一个男孩和一个女孩依偎在一起，脖子上挂着耳机，胸前放着书。这刹那的一幕令我看呆了，很快就想复原这种一下子触及人内心某个柔软地方的感受。

孤独图书馆火了之后，让我更加意识到人们对空间的精神需求已经非常之高了，而这恰恰是阿那亚这个“非刚需”的产品所要创造出来的。

在这之前，我本来想用短平快的方式来做阿那亚的项目，结果不仅没有销量，还背上了几倍的负债。在这种压力之下，我不得不开始认真琢磨，阿那亚不能再是简单的城市项目，除了物质功能需求之外，房子还要有更多维度的价值。

其实在阿那亚之前，我已经做了17年的地产相关的事情，深刻理解当时地产圈的价值观就是“富贵逼人”。所有的房子都在标榜背后的权力、金钱、面子、虚荣心等等人的无限欲望，镶金包银、极力辉煌就成了打造项目的必然逻辑。

我们一直努力的就是把房子盖得更好，样板间越来越豪华，示范区越做越梦幻，景观越做越好等，所有思考都是在物质生活层面做叠加。然而，人在物质生活得到满足以后，一定是往精神层面走的。所以当别人的房子都是只有物质维度的时候，我们给房子再加上情感和精神这两个维度，就比别的房子有附加值了。

2013年我启动阿那亚项目的时候，刚好遇到了时代的分水岭，地产界甚至

城市创新：
人与城市活力
C02
城市创新：
人与城市活力
C02

整个社会的心态开始出现了变化，就是财富快速聚集到了一定的程度，大家忽然不知道该怎么过日子了。那段时间我偶然听到了北大一个经济学家的解释，他说美好生活应该由三部分组成，物质生活、社会生活与精神生活。

我于是自己琢磨，能来阿那亚的人，物质需求其实已经基本得到满足了，就像这里的房子并不是人们的刚需。孤独图书馆则是阿那亚的精神地标，它的火爆也鼓励了我们做了一系列的文化空间，落地了很多文化活动，也算是完成了。那么美好生活中最难实现的，就是社会生活。

我在北京生活工作了十多年，时时觉得自己是个外地人，北京是个陌生人的城市。在小区里不知道邻居是谁，坐电梯也不好意思跟人打招呼，像父老乡亲、街坊四邻这样的词汇在北京都已经消失了。

反观我从小生长的天津就很不一样，小时候在胡同里，脖子上挂一把钥匙就去上学了，放学回来父母还没下班，推开邻居家的门，看见他家案头上的两个馒头就会直接吃了。回忆起这样的生活，我想可能社会需求的一个重要方面就是社区，那种温情脉脉的大家在一起的感觉就是社会生活的一种。所以我们重新做社区的时候，就尝试把小时候邻里之间的美好关系找回来。

最困难的是，我们的社会很早就没有基层、社区、小共同体的逻辑了，越来越变成原子人的个体状态，就像那时候最流行的词叫“精致的利己主义者”。所以我们早期的实践也是从研究怎么重建社会生活、重建社区、重建人与人之间的关系开始的。

似乎没有什么先行的逻辑与理论，我们能做到的就是先让大家变成熟人再说。因为早期客户也就一两百个，有的本来就是朋友，我们就天天组饭局。当大家都知道彼此是谁、住哪儿，相互认识之后，再回到社区中讨论问题，就不再是一个陌生人的模式。我认为都市里的社区里的人容易为所欲为，动不动就开骂，就是因为大家是陌生人，对什么都无所谓。当邻里间彼此都认识之后，就会至少注意一点分寸，即便只是因为拘着面子。

我们自己作为管理方也只是一个执行者，完全是个服务者的角色，有任何问题都拿出来给大家一起讨论，当大家形成了一个比较全面的对社区关系的认知之后，就会心甘情愿地维护。否则的话，无论你制定多么正确的制度，他说我凭什么听你的，一句话就全怼回来了。

公共生活和我们小时候体验的集体生活也是两回事，在这个过程当中就出现了很多的碰撞。有一次，一位衣着特别脏的工人坐在业主食堂里面吃饭，其他业主看到了就找我们投诉，说我们的员工在这里吃饭，不讲卫生。我们一查发现他是另外一个业主家里的装修工人，干了一天活儿挺辛苦的，业主就想领他改善一下伙食。这是特别小的一件事，但是当我们把这件事扔到社区的群里，讨论工人能不能进食堂吃饭，好几百人争论了好几天。

其中有个中年的业主就直接攻击我说，你们阿那亚不是倡导人人平等吗，凭什么不让工人去食堂吃饭？另一种声音则说，毕竟是业主食堂，理应不让外人进去。还有一些人说，在西方的产业工人都是干完活儿回家洗澡换身干净的衣服才能参与公共生活，但是这在我们这儿就很难实现。

其他人说，如果你家工人可以去食堂吃饭，那开发商这儿有一万个产业工人，是不是都可以去食堂吃饭呢？那么沙滩上的保洁工人，园区里的园丁是不是都有这样的权利呢？他们说的这些都是站在我们的视角完全想不到的。之后还延伸出夏天有人穿着泳裤就来食堂了，他们是不是也有不好的影响呢？

后来大家确实讨论出了一个相对一致的结论，就是衣衫不整者不能进食堂吃饭。我们服务方也不用再去辨别身份，反而在门口多准备了几套干净的衣服。后来再有业主看到工人在食堂吃饭，也能理解他在邻居家干活来这里改善伙食；再有业主想让自家工人去吃食堂，就会担心影响其他邻居而考虑让工人换身衣服或者打包回来吃。

我们发现这样的讨论不一定会有一个让所有人都满意的结论，但最终的结果是每个人都多了一些同理心。如果不拿出来讨论，那么这个问题就会永远无解，甚至相互之间滋生很多矛盾。实际上，一个个小的讨论也在创造着为公共利益服务的机制。

我们还提倡“羞耻心管理模式”，提出大家要维护一个好的社区，谁有不文明的行为得共同管理。比如说有人车停歪了，路过的邻居拍了照片，我们不仅要帮他解决车停歪了的问题，还要找出事主是谁，并且请他在社区里给大家道歉。同理，狗没拴绳、随地吐痰等行为被邻居举报了，都挺丢人的，实际上就形成了一个行为的约束机制。

社会、社区于我的理解，就是我们生活的环境与氛围。就像人是环境的孩子，在一个美好的环境和氛围当中，你是愿意把你内心当中的美好的东西释放出来的，那么人生那种多样性的东西就出来了。而且当社区三分之二的人都是愿意支持和参与社区营造的时候，低于三分之一的人是会被多数人带领的，美好氛围就可以被传播与扩散。

当然，我们所说的社区，一个公开讨论、平等对话的社群的前提，其实是共同的价值观。过去我卖房子是没有办法用价值观筛选客户的，只要出钱，都可以来住。但是阿那亚恰恰占了一个便宜，首先它是个新社区，同时它不是一个刚需产品，而是被创造出来的需求。

我后来发现，我们真正吸引的其实是很固定的人群，业主中有95%都是北京人，可以说是在高度竞争社会中的精英，都有着比较高的精神文化品位与需求。因为北京是百分之七八十的移民城市，始终在给人紧张、焦虑、没有安全感的东西，这种紧张我觉得是必须要找地方缓解的。带着逃避的情绪来到这里，便得到了精神与人情上的抚慰。

现在回顾起来社区当年最重要的三件事：第一件就是建了食堂，所谓“留人先留胃”；第二件就是建了一些儿童设施，就是想留住大人先留住孩子；第三个就是修了孤独图书馆，作为一个精神文化的标志。

孤独图书馆之后，我们就开始做各种各样的跟集中化生活有关系的内容了，礼堂、单向街书店、沙丘美术馆、阿那亚艺术中心等陆续出现，我们用一条海边慢跑道，把诗意建筑串连起来，让大家在海边获得物质生活享受的同时，在情感上、精神上也能找到连接和寄托。音

C03
未来的城市，正悄悄向城中村学习

口述：张宇星、韩晶　采写：李明洁

乐节、马术节、戏剧节也持续举办，整个社区的软件运营被精神的想象力笼罩。

过去40年中，我们很长一段时间都处在一种匮乏的状态，对物质的追求没有止境。阿那亚放弃了“富贵逼人”，转而从一开始就逐渐树立了自己的价值观，在精神层面，强调“回归自然、回归家庭、回归内心”，在生活层面，强调“有品质的简朴，有节制的丰盛”。

阿那亚所有的建筑、所有的服务、所有的配套都是围绕这样的价值观体系打造的，带来的一个结果就是，喜欢阿那亚的人无比喜欢，不喜欢的人可能就完全无感。阿那亚用价值观筛选或聚拢了一批客户，在共同价值观的基础下，大家在一个社区开展生活。正是在文化内容一点点做起来之后，阿那亚房屋销售才有了爆发期。其实最终大家喜欢这里的生活方式，房子是个附属品，是个会员证。

明确的价值观既是实现阿那亚发展的手段，也刚好遇上了当前社会中变化着的需求。阿那亚有一点我自己觉得最重要的，就是一直在坚持做美好的东西，对生活层面的回归，逃离城市的单一逻辑，实现了一个完整的项目创新。

反之商人的思维特别容易妥协，你要什么我就给你做什么，以追求一种短期利益。而这种短期效果可能是毒药，可能是饮鸩止渴，可能是杀鸡取卵，也就失去了长期的与生活、与人的联结。

PHOTO by 趣城工作室

发现并塑造日常生活的戏剧性

PHOTO by 趣城工作室

“时光漂流——沙井古墟新生”城市现场展期间的戏台

多年来人们常用“文化沙漠”来形容深圳，但我们却认为它是一片文化雨林。这里的文化群落非常丰富，里面的生态系统非常完整，包括原住民的地方文化、地方生活，甚至地方的信仰，都还完整保留着。

沙井古墟，是两百年前当时深圳四大古墟之一，所谓的“墟”就是古代人交易的地方，围绕交易就发展出一整套城镇体系，所以沙井古墟实际上是深圳的文明发源地之一。

如果你走进今天的沙井老区，就会看到里面仍然藏有中国传统的耕读文化、广府文化以及海洋文化，中国古代的一整套乡村机制所体现的空间形式也全都完整保留。比如说当地的祠堂还是活着的，每当过节海内外的家族成员都会赶回来祭祀，而且对海洋文明比如海神、妈祖的一些祭祀也都在延续。我们经常到访长江三角地区，似乎很少看到这样鲜活的文化形态，只剩下许多化石一样的古村。恰恰在过去被认为是文化边缘地带的深圳，城市土壤里还有活的、深层的文化基因。

当然里面掺杂了大量20世纪80年代早期的城中村，跟古墟的老建筑混在一起，形成了一种杂糅状的城市风貌。因为深圳发展得太快，来不及形成由中心城区向周边递减的规划与发展模式，上千个大大小小的城中村尚未拆除，就被包裹在了整个城市的肌理之中，形成了密不可分的组织关系。

面对这样的村落，我们经历过“整体拆除”的1.0时代，像南山的大冲村，除了一些古老的树木与祠堂，其他的全部被拆了，重盖了高楼；也经历过“综合整治”的2.0时代，像湖贝村，尽量全地把古村保留下来，同时提升空间环境的品质；而沙井村则面向了3.0时代，仅仅保留下来已经不够了，还要挖掘它的文化属性，并将其活化为社会文化资产。

也就是说，想要有持续的、可再生的价值，城中村改造需要获取社会价值与商业价值的双重成功。因此，我们从价值再生的角度，希望能够找到一些有潜力的空间，将其改造成为与人、与历史、与社会之间交往的最佳连接点，从而激活整个沙井古墟的内在特质。

2020年9月我们来到沙井古墟，在里面就一点点地去发掘，找到了6个“气泡”做改造实验：一条小河、一个老屋、一座戏台、一个广场、一片废墟、一个水榭。

每一个区域的生活现场都像是一条川流不息的小溪，并非一直不停地向前奔腾，在一些小小的水湾处，会形成一些溪流汇聚点，如同“生活现场气泡”。这些气泡是鲜活的、生动的、原生的、质朴的“日常生活原发地”，同时也是场地、场所、场景和场域的复合体。

在沙井，龙津河就是最鲜明的代表。它曾经通航，直接流向珠江，是古代市集、贸易、运输的重要通道。后来由于墟市的衰弱，河道被逐渐填塞、减窄、污染，变成一条宽度仅为2米左右的黑臭水体，并且被用铁栏杆围护起来，防止人掉入其中。

为了改变小河被禁锢起来的奇怪状态，我们首先用低成本的雨污分流方法，打通了河道，改善了河流的水质。之后，又拆除了河道的围栏，整体留出50厘米左右的种植空间，将临河道路的两侧街道改成青砖，挖出可以下水的台阶，比较空余的位置还做成了花池、座椅。这样，小河便重新成为人们可以亲近、触摸、玩耍和游戏的场地，完全改变了一条路的状态和周围人的心情。

沙井是著名的粤剧之乡，古墟戏台曾经繁盛一时。作为具有特殊意义的公共空间，它是村民们的精神家园。沙井戏台建筑原为1980年代所建，由于年久失修，逐渐被废弃成为一个无用空间。为了重新恢复戏台功能，我们采用材料编织法对老建筑进行改造，从当地收集了一些本地的旧木材、青砖，部分替代了原有的瓷砖贴面，于是新戏台从废弃戏台中蜕变而成，成为承载记忆认同、意义认同的日常生活空间。

今天，作为地方文化的粤剧正在走向普遍性的衰弱之中，戏台改造好了，立刻就吸引了当地人来这里唱戏、进行社会交往。但我们也看得出，如果仅仅是恢复一个场景，而没有专业的组织团队与更多活动空间，传统粤剧很难进入到现代社会的消费体系里来，我们城市里的年轻人，也不知道如何走进去认识在地文化。

我们意识到，建筑师通过微改造来呈现场所的力量其实是有限的。因此在空间改造之外，我们还邀请了23位艺术家，共同植入了一个名为“时光漂流——沙井古墟新生”的城市现场展，用艺术作品、城市策展，更多地将空间里面的精神内核激发出来。

比如刘庆元的壁画、张增增和李娜的装置、冰逸的绘画、小河里的字牌“哗啦啦”……都是根据现场真实的空间氛围所创造出来的。当人们来到这片区域，看到这样的艺术作品，一种空间的精神含义就会被传递，直接落到心底。

四个月的展期内，很多深圳人前来打卡、体验，让沙井成为深圳一个热点的同时，也唤醒了生活在沙井古墟之内的各种人群。比如这里住着很多的外来打工人员，清洁工、出租车司机，他们过去从没有想过可以和艺术活动相邻。艺术家们也很兴奋，因为没有想到当地的老人和孩子这么喜欢自己在现场灵感激发而创作的作品。

艺术家吕晓正创作了一个名为《一粒盐》的透明装置，就是因为发现沙井自东晋开始就是一个重要的盐产地。在展览结束以后，装置被当地的村民和小孩觉得好玩就拿回家了。艺术家也觉得没关系，乐意看到这种情景。

我们改造的其中一个项目叫“山墙之家”，是一个麻将馆与民居组合的老屋，展览期间，楼下的麻将摊子都没有任何中断。于是，展览真正实现了两种社会场景的连接。

在空间改造与艺术入场之初，我们先设立了一个原则，就是不可以破坏这里原有的生活方式。每一个项目开工之前，我们都会将图纸、效果图在现场张贴，让村民像甲方一样提意见，涉及公共产权则需要各方坐下来协商。过程当中有很多艰辛的地方，村里有人支持、有人反对，也有人本来很爽快，结果等项目施工一半之时，夜晚又偷偷出来把已经修好的座椅拆掉。中间发生了很多争吵、很多故事，但我们也真正看到了村子底层紧实的社会关系，让微改造在多方冲突之中实现了一种平衡。

面对当地居民提的各类要求，我们是乐意做出妥协的，因为只有让他们能够接受的改造，撤展后才会被大家心甘情愿地去维护。那么这样的交接点，未来就可以慢慢发酵。若是动作太大、变化得太快，成为一个纯粹吸引眼球的事件，反而有可能糟蹋了原本纯真的生活空间。

同时我们不想让自己成为城市过度开发和过度消费的工具，不希望改造出漂亮的城市空间之后，引发消费热潮，造成房价与租金上升，然后间接地赶走原来的居民，用士绅化空间取代原本粗糙但真实的日常生活。因此，只有这样静悄悄的、有限度的变化，才能更好地将城市生活融入沙井古墟原本的日常之中，甚至创造出新的、交融的原真性。

城中村本身是一个充满生机的日常生活雨林，里面交织了不同身份的差异人群、不同时间的自发营造、不可再生的空间形态……以最大发展弹性，适应了社会长期迭代。这种矛盾共生的状态里面，暗含的城中村的包容性与生存智慧，可能正是未来城市生活需要学习的地方。

有一种观点，现代社会的最大问题是社会空间的割裂、贫富差距的拉大、各种阶层无法在一起共生的矛盾等。从

C04

菜市场里建美术馆，能给摊贩更多尊严吗？

何志森

这个意义上看，城中村里的生存智慧对我们未来都市和社会空间的重构都很有启发。城中村的人为什么可以生活在一起？如何生活在一起？他们也许正在创造出一些社会价值的原型，而这个原型对未来社会重构是具有意义的。

同时，未来的城市有可能是高密度的，但是不是所有人都一定要居住在高楼里面？或许城中村的高密度生存图景，可以为未来的城市生活、居住与工作状态提供启示。在城市与村落之间，尝试着去保留、融合与再创造，这或许是真真切切的一个方向。

PHOTO by 何志森

学生记录
摊贩与手有关的
故事

“无界的墙”
围墙改造装置

PHOTO by 扉美术馆

2020年2月4日下午2点，一群身穿防护服的人敲开了我的房门，要求核实我的身份证件并给我测量体温，并反复盘问我最近有没有接触过湖北过来的人。正当我一头雾水不知所措的时候，房东打电话告诉我，说我被邻居举报了，因为他们听到我在家咳嗽。接下来在居家隔离的时间里，我一直沉浸在对邻居的失望、恐惧甚至愤怒里。

两周后的一个晚上，东山口农林肉菜市场的两位摊贩祁红艳和香香突然出现在我家门口。打听到我在家隔离后，她们搭了一个多小时地铁带来了菜市场摊贩们为我准备的各种食物。在《鼠疫》（*La Peste*）这本书里，法国作家阿尔贝·加缪写到，灾难之后，如果这世上只剩最后一件人们会渴望的东西，那就是人与人之间的温情。摊贩们的突然来访是疫情爆发之后感受到的第一份温情。

没过多久，《三联生活周刊》发起“三联人文城市奖”并邀请我作为奖项的提名人。我对此邀请的第一个反应就是：对于一个持续关注和记录中国社会变迁的媒体来说，三联人文城市奖应该如

城市创新：
人与城市活力
C04
城市创新：
人与城市活力
C04

何回应中国城市正面临公共生活、社会关联和人性关怀消失的危机？后疫情时代，城市的“人文”具体体现在哪里？

复旦大学社会学教授于海在一次演讲中对台下的建筑师们无奈地叹息道，今天充斥我们城市的不是一堆堆的温情，而是一栋栋冰冷的建筑。就如一个冷漠的城市会培育一个冷漠的人性，建筑师的作品在时时刻刻影响甚至改变我们的感知、情绪和行为。正如英国前首相温斯顿·丘吉尔所说，我们塑造了建筑，反过来建筑也一定会塑造我们。疫情之后，对于建筑师来说，比盖房子更重要的一件事是如何（透过作品）重新建构人与人之间的亲密与关联。为了更好地阐述我对“人文”的理解，我用这几年来在广州东山口农林肉菜市场和摊贩一起合作的项目为案例。

我和摊贩之间的故事要从十年前开始说起。2010年年初，我推掉了所有的事务所工作，开始在墨尔本皇家理工大学攻读建筑学博士，博士论文的其中一个工作就是探索城市空间背后复杂的权力关系，以及普通老百姓如何利用个人的力量抵抗权力的规训。为了更好地理解普通人的生活，从2010年起我开始和一位在厦门集美大学校园围墙上非法卖盒饭的小贩一起生活和工作，直到2014年博士论文完成，我做了四年的小贩。

在博士答辩结束的两周后，华南理工大学建筑学院邀请我来广州开展一个为期两周的城市观察工作坊。在这个叫“都市侦探”的工作坊里，我带着一群学建筑的学生在广州的花城广场每天24小时不停歇地观察和跟踪各种各样不被城市管理者和职业设计师纳入的空间使用者，从非法小贩、流浪者、站街女、捡破烂的老人，到保安和保洁阿姨。

其中一组学生的观察对象是一位在花城广场非法售卖冰糖葫芦的小贩。在两周的跟踪过程中，学生目睹了因为小贩逃跑不及时，她的两根冰糖葫芦杆被城管没收了。通过分析花城广场的所有出入口位置、地形地势、监控摄像头分布、保安和城管巡逻时间，甚至是广场上下一切有可能的藏身之处（例如公共厕所、楼梯下灰空间、灌木丛或大树的树干），学生最终为小贩设计了三条“逃跑路线”，帮助小贩在最短的时间内消失在广场中，躲避保安和城管的追捕。

“都市侦探”工作坊结束后不久，我又在湖南大学建筑学院发起了一个菜市场改造工作坊。地点是马老尾市场，一个长条形的露天菜市场。通过两周对摊贩的观察，学生为菜市场的空间提升提出了各种各样人性化的方案。然而，就在工作坊结束后的第三天，马老尾市场一夜之间被推土机夷为平地。一位学生很伤心地跑过来问我：“如果建筑师连摊贩谋生的生计权都保障不了，为他们美化空间有什么意义呢？”我安慰她：“建筑师能做到的，就是把房子盖好。”

2018年年初，我把过去8年的研究和教学经历变成了一场公开演讲，没有想到这一场只有30多分钟的演讲，竟然引发了一场舆论激荡。其中一篇报道里，记者这样责问我：“为小贩设计逃跑路线，能最终给他们带来尊严吗？为什么建筑师不能承担更多的社会责任？”

这场演讲后不久，我便去了广州扉美术馆工作。也许老天刻意要安排我和摊贩在一起，美术馆的旁边刚好有一家社区菜市场，叫东山口农林肉菜市场。早在2006年美术馆所在的大厦竣工的时候，旁边的菜市场就面临拆除。最终因为菜市场和社区居民的强力反对，菜市场得以保留。但从那之后，菜市场和大厦之间的关系变得越来越紧张，摊贩也再没有踏入过一墙之隔的大厦空间，邻居变仇人。

2017年年中，大厦业主和美术馆一起邀请了艺术家宋冬对大厦和菜市场之间的旧围墙进行改造。2017年年底，“无界的墙”作品建成，这件作品也从此成为美术馆连接周边社区居民的一块磁铁。有了“无界的墙”之后，美术馆开始发起一系列与周边居民日常生活相关的活动，比如邀请居民来美术馆野餐、打边炉、看电影、摆摊、跳广场舞等，过去从不来美术馆的居民突然开始积极参与到我们的每一场活动中来。就在一边进行得如火如荼的时候，我看到在墙的另一边工作的摊贩们却对美术馆举办的活动无动于衷，漠不关心，甚至拒绝了“无界的墙”作品开幕那天一起在美术馆吃饭的邀请。从那之后，我便开始思考，美术馆能为他们做点什么？

2018年3月，我在华南理工大学建筑学院发起了一个三个月的菜市场改造课程，地点就选在了农林肉菜市场。和上次长沙的菜市场改造工作坊不同的是，这次我要求20位学生先和农林肉菜市场的摊贩一起生活工作一个月，了解了他们的真实需求之后再决定改造什么。很显然，因为12年前的那次拆迁事件，加上我来自围墙的另一边，几乎所有的摊贩都拒绝和我们交流，一些摊贩甚至直接辱骂、驱赶我和学生。

就在课程调研开展不下去的时候，广州迎来了十年不遇的一场暴雨。这场暴雨淹没了整个菜市场。因为暴雨，大部分学生都以为可以待在宿舍里不用去菜市场调研了，只有一位学生回到了菜市场帮助摊贩们抢救物资。因为这位学生的出现，摊贩们终于被感动了，并接受了另外19位学生。冰终于破了，学生开始挖掘他们背后的故事。

当我们把所有的摊贩的故事都整理出来的时候，我们很惊讶地发现，百分之八十的故事和他们的双手有关。摊贩通过聊自己手上的各种伤痕、首饰、刀茧、纹路、手的厚度、形状、大小来讲述手背后不为人知的故事。比如一位不会算数的海鲜摊贩会把每次交易的金额用笔写在手上，然后拍一张照片传给在外地读书的女儿看，让她来理财。通过整理这些故事，我们发现手是最令摊贩骄傲的一个“资产”。然而，对于大部分和摊贩毫无关联的顾客来说，他们在菜市场关心的是蔬菜新不新鲜，价格便不便宜，而不会有人关心菜下面托着的那双手。

最终，我让学生把44位摊贩的双手用相机记录下来，作为重新唤起社会大众对摊贩关注的一个媒介。很显然，对于这样的一个作业，学生并不是很理解：这是建筑学院的一个严肃的菜市场改造课程，为什么突然变成了一个摄影课程？

三个月后，我们迎来了这个课程的结课汇报，学生把44位摊贩双手的照片沿着“无界的墙”挂上。在汇报那天，上午十点多的时候，突然有一位在菜市场卖海鲜的阿姨站在大厦的入口处，远远地朝着我喊：“何老师，我能进来吗？我的水鞋太脏了，怕弄脏你们的地板，我想进来找找我手的照片。”过了没多久，菜市场的44位摊贩都跑过来了。

这是12年来，菜市场的摊贩第一次

城市创新：
人与城市活力
C04
城市创新：
人与城市活力
C04

踏入只有一墙之隔的大厦空间。

因为汇报那天的一场暴雨，手的照片只在“无界的墙”上展示了一天，之后学生便把照片取下来放到了美术馆的仓库里。我们万万没有想到的是，第二天一大早，菜市场的一位摊贩再次来到美术馆找我，问：“何老师，我可不可以把手的照片领回去放在档口上？”同意之后，竟然所有的摊贩都来到美术馆把自己双手的照片领回去，之后便开始自发地在菜市场布展。而接下来发生在菜市场的一幕，让我真正意识到，这门菜市场改造课程才刚刚开始。

拿到自己手的照片之后，几乎所有的摊贩都不约而同地把它挂在了营业执照的旁边。一个是冷冰冰的生计权证据，有的甚至没有名字，只有一连串的数字；而另外一个是他们自己对于“摊贩”这个身份的表述和认同，每一双手都代表了一个有血有肉的个体、一个有尊严的人。因为这双手的照片和背后的故事，摊贩和顾客之间开始有了交流和互动，他们再也不是单纯的交易关系了。

在那之后，摊贩频频来美术馆看展。我也开始观察和记录这门“改造”课程结束之后带给摊贩和菜市场的变化。

2018年年底，扉美术馆组织了第二次和街坊的聚餐，而这一次摊贩们终于愿意来美术馆吃饭了。碰巧那天是鸡肉档郑爱萍的生日，所有认识和不认识的人一起为她庆祝生日。那晚，郑爱萍偷偷告诉我，这是她过去30年里过的唯一的一次生日。

在和摊贩的这次聚餐中，我还观察到另外一件事：摊贩和摊贩之间是从来不交流的。郑爱萍在东山农林肉菜市场工作了三十多年之后，竟然没有一个摊贩知道她的名字，也不知道她是哪里人。后来我了解到，由于菜市场摊贩之间的竞争关系，很多档口二十多年都没和旁边的档口打过招呼。这次聚餐也是摊贩们第一次在一起吃饭，第一次向一起工作二三十年的同事正式地介绍自己。

吃饭结束时已经十一点了，街坊们早早离开了，而摊贩们留到了最后，一边喝酒一边聊天，谁都不想回去。郑爱萍临别时对我说：“我们也渴望交流。”

谁也没料到，这次的聚餐竟然为摊贩们枯燥无味的生活带来了一个新的菜市场社交模式。2019年春节过后，摊贩之间开始相互串门聚餐，摊贩与摊贩之间逐渐建立关联，而我和摊贩之间的信任也在一点一点增加。2019年年中，猪肉档肥叔和霞姑邀请我去他们家吃饭，这是我第一次走进摊贩的家里。在他们的家里，我看到霞姑的双手照被放进了相框里，端端正正地摆在了床头。肥叔告诉我，这是他们家里最值钱的摆设。

作为礼尚往来，没过多久我也邀请了一部分菜市场摊贩来我家里吃饭。在我家里吃饭的那晚，摊贩们第一次流露了他们一些真实的需求。例如，蔬菜档的阿正吐槽菜市场又闷又热，没有一丝风，每天早上出完汗的衣服放一天都干不了；豆腐档的祁红艳说档口设计太不人性，每天都要从台面底下钻进钻出，一点尊严都没有；冻肉档的秋姐说她一直想离开菜市场，但是没读过书，什么也做不了。

2019年7月底，我在农林肉菜市场开展了第二场菜市场改造工作坊。经历了上一次“不造物”的改造之后，这个工作坊更多的是思考我们如何能够提升菜市场的物理空间，帮助摊贩改善工作环境。我们其中一个任务就是给密不透风的菜市场加一个窗户，为阿正和其他摊贩带来一丝凉风。因为菜市场只有靠着大厦这一边才能开窗通风，窗户的位置最终选在阿正档口背后“无界的墙”上。

然而，开窗并没有我们想象的那么简单，窗户要同时穿过“无界的墙”这件艺术作品和菜市场的混凝土墙。为了可以让不同利益方达成共识，我作为美术馆代表邀请了大厦的物业方、菜市场管理方、街坊代表、街道办代表、菜市场协会会长、菜市场摊贩代表以及工作坊学生来美术馆一起聊“开窗”的可能性。最终，“开窗”得到了所有方的支持，包括菜市场管理方和大厦物业。

两边固定好窗户的位置后，美术馆和菜市场分别请了一位工人在两边同时钻洞开窗。窗户打开的那一刻，菜市场的所有摊贩都在欢呼。阿正第一时间拿出他的湿上衣晾到了窗户边的架子上。然而，窗户开后没过多久，很多人就开始挤在窗户前偷拍里面的菜市场和摊贩，窗户慢慢变成了一个网红打卡点。

对于宋冬来说，这个窗口不仅是连通菜市场和“无界的墙”的一个媒介，同样它也是一个各种事件发生的“窗口”。这些意料之外的“侵入”让这次工作坊开始思考一些可能的“事件”来抵制菜市场变成一个被网红拍照的背景。这时候我找到了阿正，希望听听他的想法。一直被各种网红偷拍困扰的阿正一口气告诉我：“我想挣网红小姐姐们的钱！而且我都想好了怎么挣钱了，我观察了一下这附近都没卖水的，我想在窗户上卖矿泉水给网红。她们老偷窥我，这矿泉水就贴一个标签，就叫‘被偷窥美术馆’，那她们买到的就不是一瓶水了，是一件艺术作品，那艺术作品价格就不一样了，是不是？”对于阿正的这个想法，我们都被惊艳了。

于是，工作坊的学生就开始按照阿正的建议制作作品标签、宣传视频和卖水活动推文，阿正亲自写下了“被偷窥美术馆”六个字。我们买来几十箱矿泉水并重新包装，最后定价为6元一瓶（原价1.5元）。为了方便阿正和网红小姐姐的互动，我们还在窗户上安装了一个带滚轮的粉红色的滑板，不仅可以用来摆放作品，窗户两边的人还可以自由推拉。

工作坊结束的最后一天，“被偷窥美术馆”矿泉水正式在窗口出售，大厦这边可以通过扫描二维码的方式付款，阿正会根据需求从里面及时补充矿泉水。阿正说的没错，因为附近都没卖水的，加上这是一件艺术作品，矿泉水供不应求，一天就卖了200多瓶，比阿正卖两天蔬菜挣的都还要多。“被偷窥美术馆”是美术馆和菜市场摊贩合作完成的第一件作品。

为了庆祝“开窗”，在工作坊结束那晚菜市场摊贩自己做菜带到美术馆和学生们一起吃饭。在这次聚餐里，冻肉档秋姐做了一锅神奇的糖水，这也是那晚最受欢迎的一道“菜”。她的糖水和广州传统的糖水味道和做法完全不一样，她放入了从社区里采摘的各种各样的可食性植物元素，各种味道融在一起，是一件极其创新的作品。

2019年9月中下旬，艺术家徐坦发起的社区种植研究调查展“农、林之路，竹、丝之岗”在美术馆开幕，秋姐是我们向徐坦推荐的一位参展艺术家，她的作品就是和社区植物相关的糖水。在展览

城市创新：
人与城市活力
C04

开幕上，我们特地邀请秋姐代表参展艺术家们发言，面对300多名观众，她颤抖地说出了七个字："感觉自己在做梦。"我们把秋姐制作糖水的整个过程录制了下来，然后在菜市场的电视机上循环播放。后来秋姐告诉我，现在很多顾客看到这个视频之后都去找她定做糖水。今天，秋姐的糖水已经火遍整个竹丝岗社区。她也在开始思考：如果有一天她不想在菜市场工作了，自己是不是可以开一家糖水铺？

9月28日，是我的生日。我们去年在美术馆为鸡肉档郑爱萍过了一次生日，她一直记在心里，所以今年她早早就开始筹划要为我在菜市场过一次生日。在我生日那天，郑爱萍和祁红艳把每个档口精心挑选的瓜果蔬菜制作成了两束"菜花"送给我，郑爱萍还偷偷往其中一束"菜花"里塞了两只鸡。当她们把这两大束被包得漂漂亮亮的"菜花"送到我面前的时候，我喜极而泣。

2020年年初，武汉疫情爆发，东山农林肉菜市场停摆两个月，摊贩们在最艰难的时候并没有独善其身，而是集体站出来为争取租金的减免和有关生计的权益做抗争。

和摊贩一起工作的这三年，我经常被他们问到一个问题："何老师，你是建筑师，为什么你不盖房子，却天天和我们混在一起？"如果回到六年前为他们设计逃跑路线的时候，我真的不知道该如何回答他们。2019年我在菜市场过生日那天，豆腐档的祁红艳给我写了一封信，在信中她提到了"尊严"两个字。

我开始领悟之前那位记者对我的质疑：为小贩设计逃跑路线，能最终给他们带来尊严吗？

和今天被网红经济和权力主导的菜市场改造模式不一样的是，我们在农林肉菜市场所做的这些"改造"是通过一系列极其微弱的介入甚至是不造物的方式，来重新建构摊贩们生而为人的尊严和自信，在此基础上唤醒大众日益消逝的集体性和对自己家园的主导意识，并将之转化为今天中国城市更新和社区营造最重要的一股力量。

因此，在菜市场这个项目里，我所指向的"建筑"不是一个消极被动的名词，比如一栋房子，而是人与人之间、人与社会之间关联和共情的重新连接，一种新的积极的社会关系的建构，一个行动和动员的词汇。在这个理解下，菜市场项目就是一个建筑的过程。

人类学家项飚说："个人尊严和意义的出路在于重新建构'附近'的关系，重新连接。"在2020年全球疫情爆发之后，对城市断裂、社会关系、公共生活的重新关注，对"附近"正在消失的人和事的重新关注，是所有建筑师即将面临的一个最为艰巨的任务。也是在举世浊浊之时，三联人文城市奖带给所有城市创造者的一个希望和方向。

D02
盖个土房子有多难？

口述：穆钧　采写：李明洁

PHOTO by 土上建筑工作室

建筑与生态地景和谐共存

PHOTO by 土上建筑工作室

马岔村民活动中心
成为孩子们的
游乐场

生土代表了人类最原始的建造模式——不经过任何化学转化，简单粗暴地就地取材、直接应用。从旧石器时代的穴居开始，我们的祖先就知道把穴中地面的土踩踏夯实了就不容易泛潮；在泥巴里掺上草，抹在墙面上就不会开裂，而且平整。夯土、草泥抹面的工艺，最早就这样出现了。

一直到汉代，这种工艺达到了顶峰，基本上所有的建筑都跟土联系在一起。到了唐代，木结构才基本成熟。到明代，出现了能更好地将砖瓦粘连在一起

生态贡献：
人与自然
D02
生态贡献：
人与自然
D02

的石灰砂浆，土的统治地位才开始下降。因为砖的防水性能更好，在北方出现了“银包金”的现象，建筑的外面是砖，里面是土，像明代之后的大量长城就是如此建造的。

随着千百年来大量人口的跨地域迁徙，黄河流域的人们将生土营建的工艺逐渐带到了南方，就像土楼，是客家人带来的。一直到20世纪七八十年代，除了官府庙堂和达官显贵，民间的房子还在大量地用土。

为什么大家对土念兹在兹？从学术上来说，因为土是一种多孔重型材料，性能极好。

多孔是说它里面有很多的毛细微孔，使得它不仅会呼吸，而且其吸湿能力高达混凝土和烧结砖的30倍，尤其在南方潮湿的梅雨季节，土墙可以有效地保持室内干爽。

重型是说它密度很高，意味着它具有非常好的蓄热性能，白天室外热的时候，土墙就持续吸热，使得室内并不热；夜晚当周围的温度低于墙体温度时，土墙会慢慢散热，使得室内温度不会太凉。可以说，生土墙体能够有效地平衡室内的温度和湿度，并吸收室内空气中的杂质，室内环境舒适度其实远高于常规混凝土、烧结砖建造的房屋。

从现在材料科学原理来说，所有的土都可以用来盖房子，无非是使用什么工艺。但是这些好处，别说大家了，可能连很多技术人员也不太清楚，毕竟这是一个传统的材料。土房子站在钢筋混凝土的房子边上，就显得十分落后。

2004年，我跟随导师吴恩融教授在黄土高原最核心的地带甘肃庆阳市毛寺村，利用性价比最高的当地传统土坯建造技术设计了毛寺生态实验小学。当时我一个人在这个村里面住了一年，跟村民一起盖成了这个小学。

建成之后即使在气温平均低达-12摄氏度的1月，无需任何采暖措施，仅利用40多个小学生的人体散热（相当于3200瓦的电暖器），教室室内便可以达到适宜的舒适度。而它全部施工仅由村民利用简单的机具实施完成，一平米造价只有600多块钱，与当地具有同等抗震和保温性能的常规砖混房屋相比，仅为后者的三分之二。

但是，这个学校在建成之后的几年，就因为太偏远被撤掉了，整个校舍空置下来。而且长期空置，一些墙皮明显脱落。看起来很现代的墙头，也已经长满了草。2016年，学校空置了一段时间之后，村民说把它重新用来做农家乐，所以他们专门做了修缮。原来防水不行的墙头被他们加了琉璃瓦，墙皮也被刷成了白色。

当时我的学生看到说，哎呀，怎么被村民做得这么丑！只有我自己看得更清楚了，传统生土材料的两个不可回避的致命的缺点：一是它的材料力学性能不行，二是它的耐水性能不行。如果我们要让它真正能够融入今天的生活，首先要做得结实安全。

2008年正好我们又接到了一个项目，为被汶川地震破坏的马鞍村进行灾后重建。非常幸运地结识了如今是我们团队顶梁柱的周铁钢教授。在此之前，周老师已经在新疆做了大量十分成功的生土抗震房的试验和推广工作。在周老师的带领下，我们基于现代建筑抗震理论，对当地这些夯土传统民居的结构体系进行了系统的梳理和完善，同时也把它原有的那些建造工具及建造工艺进行了规范和改良。我们通过组织开展示范建设，将这些技术教授于各户人家。村民们利用倒塌的房屋废墟以及村内的自然材料，累计仅3个月便完成了所有房屋重建。与邻村具有同等抗震能力的新建常规砖混房屋相比，其造价平均仅为后者的十分之一。后来，通过总结这些技术和经验，我们出版了第一本《抗震夯土农宅建造图册》用于推广。

受马鞍桥村震后重建项目的鼓舞，2011年在无止桥慈善基金的支持下，我们又回到黄土高原的核心地带，以甘肃省会宁县马岔村为基地，针对夯土技术的现代应用展开进一步的系统研究，有效克服了传统夯土在抗震和耐久性方面的固有缺陷，并研发出一系列适合我国农村地区的现代夯土建造技术、设计方法及其相应的施工机具系统。以此为基础，在住建部的推动下，团队采用指导和发动完成培训的农村工匠带领当地村民的组织模式，在甘肃、湖北、河北、新疆、江西、广东、福建等具有生土建造传统的17个省或地区，完成200余栋示范推广农房和乡村公建的设计与建设。

村民自组织兴建的新型夯土农房的抗震和耐水性能都得到极大提升，但是令我们没想到的是，建造成本低、性价比高的土房子似乎对村民仍然没有吸引力，他们还是想给房子贴瓷砖。比如我们在甘肃马岔村给贫困村民盖房子的时候，村民老岳一听说盖的还是个土房子，就很真切地担心，因为在村里，如果住破土房子，就意味着将来儿子连媳妇都娶不上。

因为村民如果有钱了要盖房子，他在想怎么盖时，就会看城市的人都是钢筋混凝土楼房，再不济的平房也是砖盖的。随着他们进城打工，慢慢形成了一个价值观，认为城市的就是发达的，发达的就是美的，换句话说：城市的等于美。他们自然就要学这个东西。

而我们回过头来，已经意识到西方的现代化的建设技术和理念直接碰撞的后果。我们的城市已经被工业化、流水线改造后成单一样貌，建造活动实际上进入一个动荡的价值体系当中。

当我们希望乡村不要学习城市，寻找生态的方式，去盖适宜自己的房子，就变成了一厢情愿。实际上，城市和乡村虽然是不一样的环境，但也是一个不可分割的社会生态整体。探讨传统建造方式在当下社会的可延展性，单纯追求建造的高性价比是远远不够的。

而且，土是有脾气的，不像标准化工业生产出来的水泥，我们脚下不同地区土壤的成分差异很大，甚至村东头与村西头的土质也可能截然不同。在这种情况下，生土因其取材的在地性，本身做不到配方的标准化，同时还需要熟练的工匠手把手地传授夯土的技巧。

所以，当村民们想盖房子时，如果他们想模仿的城市只能提出一种选择，只能选钢筋混凝土，这是我们建筑师的责任。我们后来继续研究和推广生土，就是希望可以给大家多一种可能，多一种美的选项。

有一次我开车在路上，经过了一个藏民区，看到他们全村正在夯土盖房子，丈夫站在墙顶上夯土，妻子背着很重的筐子，踩着很细的木杆上来送土。与现代的建造过程的吵闹而高效相比，这里每道建造的工序都对应一首歌，一道道

生态贡献：
人与自然
D02

土墙在歌谣声中被建造起来。夯制出的土墙，特有的层次肌理仍在，就像一面层叠的时钟，叙述着夯筑的过程。

一家盖房子需要几乎全村的帮忙，然后屋主会选一个黄道吉日，招呼大家吃席。这样的建造活动，就像个纽带，将全村的人情紧紧串联在了一起。我看得特别感动，也希望能在自己的项目中延续某种人的温度与联结。

2018年，我们接受中国城市规划设计研究院曹璐主任的邀请，由我的搭档蒋蔚老师牵头设计，参与了位于安徽省潜山市万涧村的传统村落保护试点项目，并负责将其中一栋荒废的老房子改造为小型的儿童公益书屋。驻村的项目规划师和我们工作室的思路是一致的，就是希望能够在一个传统村落里，用一个生态的空间创造联结，激活这个村落的活力与公共性。

实际上，这个房子本身是村集体在1981年时一起建的造纸作坊，由土坯砖墙与简易的木构屋面构成。作坊东侧有个用于晾晒纸张的露台，南侧紧邻的高坎上是大片宜人的竹林。曾经那一片的人用的都是这个作坊里造出来的纸，这个不起眼的土房子也就承载了一些共同记忆。

中国各处的乡村因为人口大量被城市吸收之后，传统的社会组织关系现在已经是支离破碎的状态。万涧村也是如此，村里很多孩子都是留守儿童，要么父母都出去了，要么母亲留在村里但文化程度不是太高，不知道该怎么去教育他们。所以那边就有很多孩子平时只能在家里看电视，比如有五年级的孩子，连26个英文字母都说不出。

我们都不希望这是一次情怀化的改造，成为一个偶发性的案例，而是希望未来可以把它彻底交出去，让它在村民的手上持续运营下来。也就是说，我们最关心的是它最后能不能真正地持续生长下去。所以这个书屋看似很小，对它的改造却做得小心翼翼。

后来的改造策略很常规，也很朴素。在保证建筑安全性的前提下，对房子的外部形态尽量少做干预，尽量多地保留物质层面的历史记忆。建筑的土坯砖外墙也出于抗震等结构安全的需求，仅在单层土坯墙内侧进行了加筋的水泥砂浆抹面的整体加固。

对于室内部分，则尽量创造出灵活适用的空间新体验，用一个混凝土曲面的“桌子”，也带来了宽窄、高低、明暗相互更替的空间体验。这使空间可以根据孩子们游戏、上课、读书、展览等不同的活动需求，或整或分地灵活使用。

就像日本摄影师滨谷浩记录的雪地里的儿童一样，我们希望建构出物与人、与空间、与自然之间最亲密、最有趣、最精彩的印证：因周遭气候的改变，佩戴一个随身的构筑物，在其提供的私密空间里与边界耳鬓厮磨，碰触过程的沙沙作响能进一步强化身体与外界的关系。与此同时，透过一个恰当的、专属的窗口窥探外部世界。

到目前，公益书屋都运营得不错，听说万涧村里面有大约50个留守儿童，据驻村的规划师刘琳说，周边3个村至少200个小孩子都会来这里玩耍、看书、写作业，有的甚至走半个多小时的山路。后来其他村民、妇女也喜欢来，大家在这里办了许多活动，比如陪读计划、端午节的灯会等等。

令我们意外又感动的是，万涧村一个明清时期建成的皖西大屋，年久失修急需维护，规划团队为了它没少操心费力。但因为住了100多口人，产权极其复杂，总有人家不同意流转给合作社统一修缮，里里外外吵得一塌糊涂。2020年却忽然同意把房子交给了合作社，赶在今年暴雨期之前，启动了老屋的修缮。如果不是书屋改造让村民对规划团队建立起信任，这个百年老房子恐怕就消失在雨水中了。

回头去看，生土的价值当然不只是技术层面的革新。如何发挥传统建造的综合效益，这些改造让我们看得更加清晰了。乡村对于城市的价值，绝不仅仅是城市应该去帮扶乡村这么简单。乡村从我们的历史中延续下来的多元性，适应当地人文气候成长出来的丰富性，一定是将来城市成长的一个重要的动力。

D03
在松阳，我们用建筑“针灸”乡村

口述：徐甜甜　采写：李明洁

PHOTO by 徐甜甜

松阳故事外景

PHOTO by 徐甜甜

油茶工坊内部

“这是国家一级保护文物吗？”老吴直冲冲地问我，翻了个白眼。

这是我们2014年在浙江松阳县平田村，计划改造一个生产性的民居，第一次见到施工负责人吴炳松时的场景。他是附近村子里技能很高的工匠，以前是专门修祠堂的，因为我们的改造项目被村支书邀请过来时，特别不高兴，觉得不值，这些“猪栏牛棚”的房子怎么也能请他来修？

其实不只是老吴，整个村里、县里当初都不理解我们为什么想要改造这个村里最老、最破的房子，早点把它拆掉，村口还能亮堂一些。也有人认为，城里来的建筑师应该去改造旁边的“豪宅”，那是村里仅有的两个四合院之一。

实际上，老房子本身虽然不是历史文化建筑，但却对维持整个村落的肌理有很重要的作用。因为两三百年前，在农田和水塘之间，平田有了第一批的几户人家，找到了山坡上的平地，他们盖起了房子，修起了祠堂，整个村子从这里慢慢往周边山坡上扩张。渐渐形成现在的村庄群落。村口这片年久失修的破房子，就是最早到达平田的村民的家，是平田村村庄的重要历史片段。

我们调研完村庄和当时负责村落规划的罗德胤老师讨论后，找到当时的王峻县长，愿意公益性地出方案，将这个房子改造成农耕馆，展示平田村的农耕文化，并作为平田的手工竹艺等的作坊。

设计先从空间格局调整开始，结合现有建筑机理和新的功能，两栋建筑都保留了原有的表皮肌理，不破坏村庄的原有形态，但又以除移部分隔墙和楼板的手法，将建筑内部打开，形成流畅的公共活动流线。改造后的农耕馆和手工作坊，既是使用率很高的村民文化活动中心，又可以支撑村里民宿开发作为文化配套，兼具文化交流功能。

2015年春天建成后，老吴特别开心，非常喜欢这个房子宽敞明亮的感觉，说要回家也建个一模一样的。我不知道后来他建了没有，但是类似的项目在松阳越来越多，老吴也经常主动接手这样的工程了。2017年夏天两位年轻人叶科和刘玉立也从杭州返乡，采摘松阳山上的植物，在这里开设了织染工作室，吸引了不少感兴趣的当地人和游客过来体验。

当时我们更多从建筑学专业的角度来看，认为保护这个房子，就是在保护正在衰败的整个村落的轮廓，没有想过会对乡村有这么强的带动作用。

所以，从平田村开始，我们体会到乡村的建筑不只是一个简单的功能设定，要在满足当下需求的同时，努力去保留一种对地区传统的认同感，以及一代代先辈在这里累积下来的生活纵深感。而这恰恰是城市社区里已经失去了的东西，就像北京最繁华的三里屯，过去也一定有过它的历史，比如有一种说法是“北京城墙外三里的屯兵处”，然而新的单位入驻、旧的居民搬走，来来往往，如今的历史已经被城市建设一层一层地淹没了，大家一想到它，就是哪天又开了一家什么样的新潮餐馆。

平田农耕馆是我们在松阳的第一个村庄里的项目，一片零碎的小房子，一共也就400多平米，当地政府投入了100多万改造费用。从当地业主到施工队，都经历了从最初的不解质疑，到完工时的欣喜。当松阳人看到这么穷的村子、这么破的房子都能被成功改造，便也有了对传统村落从否定到自信重视的观念转变。

从它开始，我们在松阳不同的村子里，延续了低技的、最小干预的方法，陆陆续续开展这种点式介入的工作方法。通过一种“建筑针灸”的介入方式，来释放乡村那些被束缚住的能量，从而达到治愈目标的整体机制。用有创意的小体量公共建筑重建乡村标识，重续乡村文脉。

那么针落在哪里？就是村民们最引以为豪的地方。

松阳在景观和自然资源上并不比周边其他县区更有优势，所属丽水市的经济实力也比不上邻近的温州。但是不可忽视的是，县里的203个行政村，上千个自然村，都有各自的历史文化和特点。

平田村人觉得自己村的萝卜特别甜；王村人说我们有王景，王景是松阳的历史名人，元末明初做过翰林学士、《永乐大典》的副主编；山头村的村民就说我们酿的米酒最好喝，因为这里的井，出来的水最甜；兴村家家又都会用古法熬红糖……后来我们修的王景纪念堂、米酒工坊、红糖工坊、豆腐工坊、油茶工坊等项目就是这么开始的。

这种标识的重建更多的是一种修复（restore identity），与城市建地标（iconic）是完全不同的逻辑。与突出单体建筑不同，在松阳的实践里，建筑只是一个介入的途径，一种有效的工具。我们也只是来到乡村与大家合作解决问题的人，刚好具备了建筑的思路与技能而已。

比如设计红糖工坊时，我们选用了当地常用的、经济有效的轻钢结构，符合大跨度生产空间需求。北侧与甘蔗地相邻，由红砖围合，成为甘蔗堆放和后勤服务区，南侧向村庄与田野打开，成为开放的红糖生产展示区。三个挑高的轻钢体量分别作为休闲体验区、甘蔗堆放区及带有六个灶台三十六口锅的传统红糖加工区。环绕这三个区块的线性走廊，成为红糖生产剧场的环形看台和参观流线。

每年冬季，被身着橙色工作服的工人们在白色糖雾映衬下的工作场景，打动无数的参观者。工坊又成了一种生产的大舞台，上演犹如戏剧一样的演出，每天24小时，几班几班的村民大师傅轮轴转。

在甘蔗缺席的夏秋，这里的大空间又可以转化为村民活动中心，大家可以一起来看电影，表演戏曲，跳舞，让小孩子自由玩耍。

建筑真正发挥作用的其实并不是它的壳子，而是把过去家家户户杂乱无章的家庭作坊聚到了一起，整合了工艺，集中生产，消除村庄里的火灾隐患，还可以吸引外来的游客参观和购买。通过合作社统一销售，他们也不再需要一家家挑到县城去卖，实际上促成了一种乡村机制的调整。

自从工坊建成后，过去8块钱一斤的红糖，现在也已经涨到了30块，村民种植甘蔗的收入超过了种茶，所以原来村庄周边的茶园也渐渐还原成兴村过去独有的甘蔗林。工坊对乡村产业的调整也间接影响了村庄周边的农耕生态。

红糖工坊给兴村带来的经济效益和社会效益，也给其他村庄带来很大触动，他们也开始提出根据各村特色工艺建设工坊的意愿。松阳大东坝镇的豆腐工坊、米酒工坊、油茶工坊也是类似的逻辑，还有正在建设中的造纸工坊、陶窑工坊等。渐渐地，这些特色工坊也将在松阳形成县域的经济循环。比如陶窑工坊的起因是山头村300万斤的米酒年产量，需要至少30万陶罐作为包装，这就可以激活在另外一个村庄的陶窑工坊，使这里的传统陶艺也重新传承下去，留下这宝贵的生活形态与生活经验，并且循环利用起来。

D04
村民能干什么，是乡建必须回答的问题

口述：宋晔皓　采写：孙一丹

松阳的实践中，建筑并不是最终目的，而是作为有效方式，通过建筑激活乡村。在“建筑针灸”这种工作方式里，建筑本身也并不仅停留在美学层面，而是以主动介入的社会设计方式，促进乡村机制改革，改变当地人对乡村的价值判断和观念。

PHOTO by 夏至

航拍村子
傍晚远景

PHOTO by 夏至

村民们在
搭建好的
竹篷里聚会

尚村是安徽最常见的一种乡村模式，依山而建，村民靠着家族和村子的发展建成朴素实用的民居，没有太复杂的徽州古建筑群落。尚村人口密集，进了村子就是各家各户的宅院，传统的民居类房子必然重视私密性，有围墙或者栅栏。历史上，尚村是“十姓九祠”的村落，一个村子有十个姓氏、九个祠堂，和谐共处。我们发现，村里的祠堂的确很多，外人可以进去看，但都是一家一户的合院式，属于各自的宗族。村子中心也很少有公共的活动场地，除了有一块摊开晒谷子的场地，以及村子边缘举行村民大会的广场，没有大家可以放松、随意聊天的公共空间。

怎么在这里营造一个公共环境？我们不想在广场处建一个平地而起的、没有场所记忆的建筑，而是想修复村中原有的破败的院落，将废墟转换为新空间，否则它就会成为村里的障碍物。

我们和中国城市规划设计研究院团队一起选中了年久失修的高家老宅。它处于村子中心的必经之路上，前后连接着几条小路和其他家的院落。房屋的原

主人将这座旧宅让给了村里的合作社，可以用来作为村民公共的活动场所。高家老宅的现场全是砖头瓦砾、断壁残垣。由于南方雨水多，失去屋顶保护的残留的砖砌空斗泥墙泡水后扭曲变形，有很大的安全隐患。我们建议村民第一时间把现场清理出来，同时就地取材，将可用的青瓦石块木料分门别类清理出来，以便用在将来的公共场所建设中。

原宅院里的老墙拆除到了安全范围以下，既保留了以前的宅院肌理，又保证了安全。局部打开的院墙和废弃的加建小厨房拆掉后，整个院落与前场平台连成了一个完整的区域空间。旧有的宅院门楼将场地分为了内外两部分，门楼以外的公共广场，在村里办活动的时候就会变成主空间。当地的丘陵坡地有相当的高差，我们用竹子做了六个主伞，三组伞坪，高低错落，形成竹篷，跟村子的地形、整体面貌吻合。主伞的两侧有安全插座，游客休息的时候，或是开学术会议、办展需要接电脑和投影仪的时候，都可以在看上去最朴实的伞柱里提供电源。

竹篷里没有空调、节能体系、自适应遮阳系统等，有顶没有墙，没有跟村子的环境剥离开。村民在这儿晒太阳或打麻将聊天的时候，可以听到村里发生的事儿；游客在这儿看到家长里短或者闻到炊烟的味道，听到当地的乡音，也是一种沉浸式体验。农村的气味是多样化的，农家肥、鸡鸭牲畜的味道，春天开花或者秋天结果，味道都会变，甚至下雨和晴天都可以体会到。

如果是一个正儿八经的房子，也许村民就会绕着走，觉得这是村里一个高级的展厅，但竹篷是一个半户外的场所，平时村民干完活串门的时候从这边抄近道，各个方向都是连通的，让大家进来看一看，或者是坐着聊会儿天，全无心理负担，没有了庙堂和田野的区隔。

竹篷的建造是尚村当地的工匠和现代竹构施工队共同完成的。现代化的专业工人，不管是对场地还是传统材料的处理，都有现代的安装方法和标准，而当地的工匠用的是相对传统的古法。他们互相观察对方怎么干活，最开始我们提供的雨落管是钢材质的，但施工队的工人们看到村里工匠手工作业的方式也想尝试一下，就拿竹子做了一个雨落管。现代工人受传统工匠启发，尝试拿自然材料做一些创造，传统工匠看他们专业化的干活方式，标准也会提高。

利用传统手工还是工业化的方式是乡建的常见话题，尚村竹篷的建造不光用当地的人工，还有本地的技法。最开始，我们想浇一个简单的混凝土压顶，当地工匠主动提出可以用清理宅院时剩下的青瓦搭个瓦头，有当地特色、能和周围环境融合，也能够起到保护作用。老师傅用自己的手艺，把瓦片按照尚村传统的方法砌了上去。前场拆除厨房的时候，拆出了好多做景观的大石头，村里的石匠凿完石头之后用传统的方法来堆，就变成了我们前场场地的材料来源。这个互动不是任何一方面的单面输出，如我们要求他们或者他们强压我们，而是大家在互相了解过程中的互相启发，一切都是实践出来的。

我的博士论文的一个重要组成部分是张家港生态农宅研究，因此有机缘从1996年就开始接触如何在村子里盖房子。通过大量的乡土调研，对农村的各种生态有一些了解。村民能干什么，是做乡建必须要回答的问题。村民必须介入，发挥他们的作用，增加主体感。想办法找到村民介入的点，才是建筑师的创造性可能会发挥的地方。

农村的地权、物权很明确，村民很看重这个东西归属于谁，态度很朴素，也很坚决。我在做张家港生态民宅调研的时候发现，两兄弟的房子之间隔着一面很窄的墙，这几十公分干什么用？万一兄弟间发生纠纷，房子好确权，这种可能性客观存在，村里就用很务实的方式来解决，先在中间隔开很小的一段距离。我学到了这一点，尚村竹篷建设一开始就让村民介入，村民也是实践者，找到他们能干的事。房子总会有各种各样的问题，需要修修补补，当这个房子是第三方直接送给这个村子的时候，被捐赠的那一方的宽容度可能不大，最好的解决办法就是大家一起来做。乡建不是甲乙方的关系，设计的主导权虽然在建筑师，但是通过村民参与，自己盖的东西出问题自己修，可以让老百姓有主人翁的感觉，同时也会更加宽容看待村里的新建筑。

建造之初，由于竹篷不是典型的徽式建筑，它的风格和耐用性都受到了村民的质疑。在竹篷搭建起来后，村民开始主动地参与组装家具、布置场地，或从田间地头挖一些芋头、野花来装饰。最开始，除了张罗和建设这个公共场所的村民积极投入，其他村民是冷眼旁观的状态，最后村民们几乎都参与到建造过程中，逐渐感觉竹篷是自己村的一部分，要一起去维护，这种融合感才慢慢建立起来。如果完全由一个外面的施工队和团队来运营，从头到尾对他们来说都是陌生的，结果则会大不一样。

我们城市的公共空间的活性还在探索的时候，村镇的公共空间的认知还有更大的提升空间。我们必须得考虑到中国农村的特色，城乡之间的差异是很大的。在城市里盖房子，有专业的流程和模式，每个人的角色和权责都很明确。由于农村建房的规范标准模糊，施工队伍没有精细化分工，农村里恰恰有这种活力点可以做村民自建的尝试，激发村民的主人翁意识。建筑师在乡村建造活动中扮演的角色也更综合，会帮村民考虑运营、跟甲方协调，有时还会帮不专业的施工团队考虑施工的时序步骤。在村子里，边界经常是模糊的，如果大家真的想把这个事情做好，就要想办法协调，村民反馈的频率也会高很多。尚村的项目在互动的过程中一直在完善。

除了村民参与，乡建项目还有一个重要特征就是要易拆易建，即方便建造和修缮。竹篷从设计到建造一共两个月的短暂时间里，竹材料发挥了巨大作用，在村里不需要大型机械设备，人工就可以完成安装。

村子里的建筑想要长久地使用，一定要易于维护，因为村子是在不停变化发展的。如果竹篷局部坏掉需要更新，或随着村子的发展需要拆掉的时候，并不需要大动干戈，村民可以自己操作，也不会对这个场地造成永久的大面积损坏，为后续使用提供更多可能性。

同时，乡建的造价不光是建造本身花多少钱，还要考虑维护成本。不管是扶贫资金也好，村民自筹也好，都有严格的控制。竹子用很低廉的价格就可以维护与加固，慢慢地，也许它在村子里就保存下去了。

我们对乡村建设的最理想的状态，是做一个可复制的、可持续的样板。建

生态贡献：
人与自然
D04

筑外形可以变，因地制宜，但背后的逻辑关系是一致的，比如用的方法和材料，要轻、快、低廉，又生态。尚村的竹子资源丰富，就地取材，经过厂家专业加工后，针对水、发霉、虫等方面进行处理，耐用性提高很多。建构上也是现代化的，比如竹伞下面有钢筋，穿到竹柱里头，保证柱子的强度，还有螺栓的对穿和连接，连接上的耐久和安全，结构比较稳定。当然，竹子的耐久性也要用时间来考证，要及时得到村民的反馈并进行修缮。

乡建项目的可持续性不仅是绿色、生态的问题，也牵扯到社会、经济多方面。我们想通过高家老宅的改造，为农村提供一种可资借鉴的公共空间创造模式。竹篷不简单是村民给自己建的房子，也是一个公共的空间。村民有劳动报酬，不光是盖房子的辛苦费，还有房子租赁或活动费用，可以让村民获得后续的收益。比如竹篷刚落成时举办的豆腐宴，明确规定每位客人的费用，所有参与者按劳取酬，运营的收入回到村民身上。

现在一提到绿色可持续，容易落入唯技术论、唯指标论的窠臼，而轻视掉建筑的城市、乡村的文脉，以及人的作用。在乡村的背景下，现有的条条框框不一定适用，人文、社会的东西是很难给出一个类似可再生能源利用率或者节能率那样精确定量的指标的。乡建要考虑到建筑怎么跟当地的社会人文环境产生关联，甚至丰富文化环境，而不仅是建成之后达成了什么指标。

虽然尚村历史上是“十姓九祠”，现在村里宗族的联系还在，但不可逆转的趋势是年轻人越来越多地把它当一个大后方，发展则主要在城市里。目前，尚村常住人口只有100人左右。尚村是中国城市规划设计研究院振兴乡村的项目之一，希望能做长期陪伴式的乡村建设的尝试，把年轻人吸引回来，拉动旅游资源和农产品销售。但这个超出了建筑本身的作用范围，不是一个单体建筑能做到的。

一个乡村里，无论是激活空间，还是未来产业发展，都是多方力量结合的长期过程。现在很多地方的乡村振兴项目会引入地产商或运营方，把它打造成网红酒店或网红民宿，这种模式只有能充分保障村民长期的经济等各方面的利益，才有可能获得村民们的真正认同，才有可能是真正可持续的。在尚村，我们希望靠村民自己的力量如合作社、亲友或返乡村民的回馈，慢慢地进入商业社会的体系里，让这个村子更长效地运作起来。

D05
在黄浦江边，打开五个油罐

口述：李虎、黄文菁　采写：李明洁

PHOTO by 一勺景观
都市森林鸟瞰

PHOTO by 吴清山
5号罐
面向草坪广场的
舞台

纽约第五大道也被称为“艺术馆大道”，汇集了全世界最引人入胜的艺术博物馆和展览馆。油罐所在的上海徐汇滨江，也正在打造西岸美术馆大道，但我们想做的却是和纽约相反的事。

因为我们每次路过纽约大都会博物馆都会感到遗憾：它的正门朝向第五大道，进出的都是穿着优雅的精英人士以及游客；整个建筑空间嵌在中央公园里，但面向公园的一面是墙，摆放着垃圾桶和后勤设备。博物馆是一栋房子，也是一个盒子，代表着一两百年前人们对于艺术机构的理解，创造着看不见的隔阂。

我们想要打破它，打开那个“盒子”，正好昔日龙华机场的航油罐的改造给了我们这个机会。出于种种原因，只有5个油罐最终被保留下来，整体呈Z字形排列，我们对每个油罐做了不同的“手术”。

毗邻龙腾大道的1号和2号两个小油罐，分别被植入了一个鼓形的内胆、挖空了一个圆形的庭院，未来将成为时尚的音乐表演和餐厅酒吧空间，为艺术中心提供多种服务和经营的支持，同时也将服务于周边更大范围的社区。

另外三个油罐被从内部连接起来，构成新艺术中心的主体部分：3号罐的内部空间被完整保留，为大型的艺术、装置作品提供一个拥有穹顶的展览空间，仅在顶部装有一扇可开启天窗，在需要的时候引入自然光甚至雨水；4号罐内部置入一个立方体并分为三层，成为适合架上作品装挂的、相对传统的美术馆；5号罐做了体型上的加法，一个长方体穿越罐体而过，形成两个分别面向“城市广场”和“草坪广场”的室外舞台。

三个油罐有一半位于地下，相互之间形成开阔的公共空间，包含艺术中心门厅、展览空间、报告厅、咖啡厅和艺术商店等，隔着通透的落地玻璃面向下沉式广场。

除了地下的连通，往来油罐之间也可以在公园里蜿蜒穿梭，而每条线路似乎都不急于把人领入展览空间中，因为当你环顾四周，能感受到天空、光影、地势、植被和建筑的变幻，更足以被四周的公园与起伏的地景艺术所吸引。

绵延的大地景观，让来到现场的人甚至找不到新建的建筑物在哪里，目之所及也是一种很轻松的状态，但实现这个状态的过程其实是充满了矛盾和复杂性的。在城市里的这片区域，有无数公共机构相互制约。例如地下有穿越黄浦江的龙耀路隧道，我们要考虑到结构荷载的问题，也需要与隧道管理方合作。还会遇到直升机场、码头航运部门、城市园林部门等众多部门的联合审查。

而改造油罐从技术上也是充满挑战的，过去虽然有燃气罐和煤气罐改成博物馆、艺术展厅的成功案例，但油罐应该还是第一个，所以在改造设计时，没有先例可循。因为油罐本身是专门装油的，装满油的时候它会形成很强的圆形的结构，壁厚一两公分的钢板。但没有油撑着的时候，它便不再强壮，我们不能在罐壁上再做任何新的拓展，一切添加的设计只能挨着它，不能碰到它。当我们想在油罐内引入自然光，需要开窗的时候，更加需要和结构工程师密切合作，前后反复推导，非常小心翼翼。

像是杂技演员在各式各样的复杂性之中，表演一出走钢丝的绝活。改造前后用了六年的时间。

油罐作为工业遗存，尽管历史使命在今天也发生了改变，却永远带着人与自然博弈的痕迹。所以公园的引入，一方面回应了场地的历史，更重要的则是希望激活这片区域的“公共性”，让人与人、人与自然、人与艺术之间产生更富创造性的空间关联。

也就是说，“公园”是我们的一种策略。因为与乡村和田野不同，公园是城市里的一个公共空间，对人们的共同生活具有启蒙意义。从公园的早期历史来看，它从德国起源，后来传到日本，都有文化建筑在里面，起到了从身体到意识的一个启蒙作用。油罐作为公园也是如此，作为一个城市的“场地”，它对任何人都开放（equalizer），谁都可以来这里跑步、自拍、遛狗……大家也可以从各个方向进来，都会很放松。

你甚至可以通过罐子的天窗偷窥里面的艺术作品，有意思的是，当你不一定是为了展览而来的时候，在有艺术的环境里，或许也会慢慢爱上艺术。

因此，油罐美术馆是被打开的，就像我们事务所的名字叫OPEN，无论是温柔地打开，还是不温柔地炸开，都是要改变其封闭的状态。

从狭义的自然生态角度，我们做了两件事。一是草地，坚持用免维护的高草。人可以穿行、野餐、踢球、打高尔夫球、遛狗，这才有草地真正的价值。如果只是一个看着完美精致的草地，像楼盘的启动示范区、高尔夫球场一样，被修剪得整整齐齐，平平地沿着地表起伏，则需要极高的维护成本和大量的杀虫剂，最终就是一个反生态的东西。二是树木，我们种了一大片“城市森林”，还在“项目空间”的水池前面种了一片橄榄树。橄榄树在上海不很多见，但它们在这里活得很好。橄榄树、水池和屋檐，加在一起就是鸟的天堂。

人作为世界的一部分，也和动物一样有着天然的对自然的向往，都喜欢植物，尤其是现在有疫情的时候，更加希望拥有健康的生活方式。每一栋房子，我们的资源都来自土壤，而我们对地球粗暴地开膛破肚，在过去制造了很多垃圾，透支了未来。

OPEN一直希望通过设计表达对我们所面临的生态危机的一种关注，于是在自然里，尽量减少人造的足迹，像沙丘美术馆；在城市里面，尽量引进自然，像油罐艺术中心。建筑师实际上对狭义的“生态”做不了任何贡献，一栋建筑的生态微乎其微。我们想做的是激起一种共识，呼吁真正的生态的保护意识，无论这声音多么微弱。

从广义上讲，生态不仅是自然的生态，也是人文的生态。就像路易斯·康（Louis Kahn）说的，“建筑是由房间组成的社会”，不同的东西组在一起才有生态。

曾经有一种说法，中国没有真正意义上的社区。我们有居委会，有单位，但是直到今天我们也没有一个大家凝聚在一起的社区。

当城市里面越来越私有化，虽然可以在地图上查到很多公共机构，图书馆和美术馆一大堆，但却没有什么公共性。我们常常能看到人们因为一点鸡毛蒜皮的小事当街打架，感受到我们的城市充满敌意，得不到一种安静和安抚，从而便会忘记，城市本来是共享的。

我们在城市里长大，觉得城市是人最伟大的发明。热爱城市，也是因为我们热爱自然，只有城市做得更好，自然才能保留下来。

油罐有丰富的艺术展览形态，三个展览空间一个偏装置艺术、一个偏传统的架上艺术、一个偏表演型的艺术，而最终不只是一个艺术中心，还有更小型的独立画廊，商业与艺术相辅相成。也有咖啡厅、餐厅、酒吧等运营服务空间。我们相信，时间会让这里的多元性慢慢生长，慢慢变得羽翼丰满，实现人、植物、鸟、昆虫的共生。

E02
艺术介入，如何更新城市？

口述：王明颖　采写：孙一丹

等到这些灵活的功能空间组合起来后，整个油罐艺术中心就会就像一座包容的小城市一样。我们希望在这个物理空间里，人能够建立跟土地的关系，跟植物的关系，跟鸟的关系，跟人的关系，而不是虚拟空间里的关系。希望人在这个环境里，晒着太阳，跟朋友边吃东西边聊天，而不是一个人刷手机。

孩子们在《城市的野生》作品中嬉戏

PHOTO by 严帅帅

玻璃楼梯间与滨江景观的连通

社区营造：
人与社区
E02
社区营造：
人与社区
E02

我们为什么想要做上海城市空间艺术季？2014年，上海的城市更新遇到了用地天花板，城市外扩式的发展已经不行了，必须要回到市中心做老城的更新。市政府决定把低效的工业用地退让出来，城市需要的建设用地如住宅等在城市老的空间里腾挪。

上海老城区的复杂性在于，它有大量已经或即将停产的工业企业的厂房仓库，这些待更新用地需要一个倒逼机制。上海是近代工业最发达的城市，黄浦江沿岸就是上海的工业发展史。因为时代发展和行业转型，传统的工业用地从市中心腾退出来，江南造船厂等移到长兴岛建设，黄浦江不再是主要的运输河道，仓储基地也关掉了。

PHOTO by 田方方

我们思考，是否可以用艺术植入的方式去做老城里缺少的公共空间？举办空间艺术季，就是想介入城市里没人关注到的、正要发生变化的空间，做一些探索性的活动。机制上，空间艺术季由上海市规划自然资源局和文化局主办，与区政府合作，共同激活所在地城市更新。

亟待激活的是滨江公共空间。2010年上海世博会举办后，上海滨江工业用地逐渐向生活用地转型，继承世博遗产，通过文化艺术活动激活滨江的公共空间是空间艺术季的初衷。2015年第一届空间艺术季，我们与徐汇区政府合作，改造了一座原来机场留下的飞机库作为展区。活动前，展馆和周边道路加速改造和开通，展馆在展览结束后也继续举办艺博会等各类文化活动，并在滨江陆续落成了龙美术馆等一系列美术馆。空间艺术季就像是催化剂，加速了这片空间的更新。

第一届空间艺术季正值上海进入城市更新的新阶段，因此，第一届就以“城市更新”为主题，介绍世界各地城市更新的案例，让大家理解“城市更新”到底是什么，包括旧城改造、工业遗产再利用等多个方面。比如，世界的很多大城市发展历史中都曾有一条工业“锈带”，这条工业带慢慢从市中心退出来，后期如何改造要结合每个国家和城市不同的条件。

第一届城市空间艺术季以相对传统的展览方式，让市民理解了城市更新的概念；第二届开始做真正的空间改造实践，即推动工业遗产的再利用和公共空间的建设。结合上海市政府要在2017年完成黄浦江两岸45公里滨江空间的贯通开放的目标，我们和浦东新区合作，以滨江空间中的一处重要贯通节点即民生码头地区作为展场，并选中了8万吨筒仓作为展馆。这座筒仓建于20世纪90年代，曾是远东最大的粮库，当时粮食沿黄浦江水运进入上海，在这里储藏，并分包运到一个个粮管所。随着黄浦江航运功能的外移，21世纪初工厂停业，整个周边区域已经废弃了十多年。

为了把筒仓变成适合做展览的空间，对内部空间进行了改造，增加了消防等设施，并在建筑外加了一组外挂楼梯，以方便行人往来、提高景观体验。建成后，很多以前在这里工作的、现在住在附近居民小区的工人，在朋友圈里面呼朋唤友：“我们的原来生产的地方现在变成了艺术空间，你们要不要来看？”这里变成了大家回忆自己过去生活的地方，也让市民重新认识了旧有的城市空间。

我们认识到，筒仓这样的工业遗产是在特定条件下产生的，如果把它拆掉，再也不可能去建造类似的东西。虽然它历史不算长，但作为这段工业历史的遗迹留下来是很有价值的。筒仓所在的民生码头区域整体功能改造仍在建设中，展览结束之后继续做文化活动，比如展览、大型秀场、沉浸式演出等，想要打造一体化的文化区域。空间艺术季的作用就是激活它，为它未来的使用提供更多可能性。

空间艺术季举办期间，筒仓外围的滨江公共空间实现了贯通开放，在筒仓外围走的观众比展场里的还多。怎么才能满足市民更多元化的需求呢？我们意识到，滨水空间在物质上改变了，但还需要有更多的功能性设施和市民活动。到了2019年第三届空间艺术季，我们就想做一些尝试，从点状的空间改造走向带状，从原来室内的展览走向室外，把空间艺术季更大限度地辐射出去，空间改造也跟日常的市民休闲生活相结合。

2019年，我们和杨浦区政府合作举办第三届空间艺术季，当时杨浦滨江空间贯通了杨浦大桥以西区段，以东区段还在建设中。滨江沿线有非常多的工业遗产，锈迹斑斑的废弃遗迹和对面充满未来感的陆家嘴金融城，形成了震撼的对比。总策展人北川富朗提出通过空间艺术植入的方式来实现片区振兴，选择了这一片的两个老船坞、毛麻仓库、滨江带上的几个老建筑，以及5.5公里长的滨江空间，构成了2019年空间艺术季的主展场。

在空间艺术季的推动下，滨江空间贯通和老建筑改造提速推进，两个巨大的船坞经过改造后对外开放。同时，在5.5公里的公共空间中，国内外艺术家创作了20个永久公共艺术作品，让艺术走到了市民身边。这些建筑的基础建设和改造仍然依托原来工程的项目，而空间

社区营造：
人与社区
E02

艺术季就像在毛坯上压软装，利用这些场所做了艺术性的装置，把它们变成市民真正可以使用的公共空间。

与公共艺术家们合作，最大的感觉是他们很关注市民的想法和参与度。公共艺术跟当代艺术不一样，更强调公共性、社会属性和在地性，艺术家希望跟市民共创作品。比如在杨浦滨江的公共艺术作品创作中，日本艺术家浅井裕介跟200多位市民合作完成了一个200米长的地绘作品《城市的野生》。

浅井裕介先做了两天的儿童工作坊，用简易的橡胶纸，让小朋友自己画动物，然后在两个多月的时间里组织居民和志愿者一起剪裁图案，将这些碎片在公共空间的实地上拼接起来，再用热熔枪熔在地上。很多参与的小朋友会回来找，“这个小青蛙是我画的”。还有一个橡胶厂的退休老工人，像上班一样天天来参与地绘制作。这样的作品与周边居民发生了很密切的关系，有了情感上的共鸣，启示了我们未来在社区里也可以做这样的艺术作品，不局限于雕塑绘画等，建筑、城市家具、围墙、绿地等都可以更加艺术化地呈现，也可以提高市民的参与度。

空间艺术季和双年展等文化活动不一样，不仅要提出问题，还要提供问题的解决方案。从2016年，我所在的上海城市公共空间设计促进中心开始做小微空间的更新，挖掘灰色空间。有了这几年的探索，空间艺术季下一届准备走向社区，以社区街道为单元做策展，在“面”的尺度上做城市更新的工作，在这些空间用艺术介入的方式和居民互动。

上海有大量普通的老旧小区，让它根本性地改变是很难的，不能让居民全部搬走，或把建筑推倒重建，但它们的外部空间和公共服务设施可以改造得很好。空间艺术季通过艺术介入的方式，让居民把公共空间作为日常生活的客厅，也可以提升生活品质。这样以点带面地辐射全区，是我们艺术季未来的发展方向。

然而，在社区里做艺术策展是很难的，社区里都是家常化、生活化的小空间，在进行艺术化呈现的时候很难有亮点。社区居民的诉求也是很质朴的，其实居民不需要华而不实的东西，后期维护保养等实际问题才是居民所关注的。此外，社区更新涉及的条线部门十分复杂，不同的管理部门之间协调也很难。虽然我们想要居民的公共参与，但每个人都有自己的心思，要统一在一个点上也不容易。

所以，空间艺术季走向社区要依托前期大量的公众参与，了解他们想要什么东西，然后再为他们创造。我们想要依托更多的专业策展人、更多有志于社区营造的社会团体，比如上海许多街道都有社区规划师，一般是由区政府指派的规划建筑方面的专业人士，他们也是我们可以仰仗的策展资源。

上海中心城区有很多区域在慢慢地做城市更新，未来会越来越精细化，工作的落脚点就在社区。社区治理需要有抓手，空间艺术季的项目可以成为社区治理的一个抓手，在工作中听取居民意见，发动社区的参与。社区更新需要多方力量去做，只要大家认同这个理念或者看到实践成果了，是容易去推广复制的。

在做上海空间艺术季之前，我们实地考察过日本的两个大型艺术季，濑户内海艺术祭和越后妻有大地艺术祭，他们将建筑、艺术、旅游和地区的经济发展结合，用当地的物产设计旅游消费产品。我们受到启发，上海现在有很多“微旅游”，考虑明年和社区合作，打造一些有亮点的社区旅游项目。“网红”地的打造不可避免，这样短期就会形成热点，让专业人士和公众都能加入探讨，提高公共讨论度，便于之后长期的使用。

作为城市更新的手段，空间艺术季的角色和作用是有限的，但是理念的引导、传播，以及与当地团队共同成长的过程是很重要的。比如浦东、杨浦等当地团队以前是在做工程建设方面的工作，我们团队的成员大多也是规划专业的，做艺术、文化和公众活动是从零开始，我们一起在做空间艺术季的活动中学习和成长。

城市空间艺术季是通过活动做出空间作品的示范，形成复制或者推广效应，但如何持续运营并维护好这些空间，还需多方的力量来参与。一个领域的工作是很单薄的，要大家各方面的共建共享。上海各地区之间差异很大，城市更新还需要时间，大家一起慢慢做。

E03
工业与艺术，复活在景德镇的老瓷厂

口述：张杰　采写：郜超

PHOTO by UCN

聚集在
陶溪川的
年轻人

PHOTO by UCN

陶溪川
周末市集

社区营造：
人与社区
E03
社区营造：
人与社区
E03

2012年左右，我们开始对景德镇当地建筑资源和空间结构做评估时，有这样一个基本认识：这不只是一个旧工厂改造的问题，也是个系统的城市问题。我们的思路是：以老工厂群体的再生，带动城市的复兴。

在传统手工业向知识经济转型的时代，景德镇政府手里的这些老瓷厂，既是它的资产，也成了它的难题。与陶溪川项目相关联的这14个瓷厂，兴建于20世纪；厂房历史多在50年以上。20世纪50年代到90年代初，景德镇通过现代陶瓷业带动了前所未有的城市发展。总人口20万的景德镇市，陶瓷从业人口就有6.9万。但20世纪90年代以后，这些国营瓷厂纷纷关停，几万制瓷工人下岗，好师傅远走他乡。老厂区的宿舍变成了棚户区，原来"工厂办社会"年代的礼堂、食堂、澡堂、小卖部都被关闭。也就是说，这里原有的社会服务体系崩塌了。

其实，2010年的地价上升得非常快。这种条件下，在平行的时空里，陶溪川本可能做成一个房地产开发项目，很容易地以几个亿把这个地块卖掉，建成高层住宅区，这样短期内地方财政也会有一大笔收入。但是，景德镇的本底是陶瓷的历史，14个老瓷厂具有珍贵的工业遗产价值，常规的地产开发模式对工业遗产的保护可能是一场灾难。

在遗产价值评估中，我们发现瓷厂的遗产是一个网络和体系，而非一个片段，它涵盖制瓷技术、组织方式、产品等各方面。在时间上，明清时期传统制瓷的圆窑，第二代制瓷生产线的煤烧隧道窑、油烧隧道窑、气烧隧道窑，在这14个工厂都能看到。在空间上，对于原料、烧制、上釉上彩这些不同的工艺流程，工厂之间是有分工的。在陶溪川西边，还有专门做生产机械的陶机厂。在产品上，宇宙瓷厂生产过送给尼克松的"国瓷"，更具备历史意义。我们想把这种工业遗产全部地保存下来，变为可触摸的历史。

每一个窑的技术，至少要保留一个样本，这样可以完整呈现陶瓷窑制技术的发展历史。例如，宇宙瓷厂烧炼车间被改造成博物馆，车间内的两个倒焰窑和第二代生产线完整保留，建筑只进行结构更新和立面修缮。为了充分利用高度空间，我们采用钢结构增置了二层展示平台，其面积和位置也颇为讲究，不能遮挡参观者的上方视线。博物馆还展陈了房契、草鞋、生产工具等与陶瓷工业相关的珍贵文物。参观者在这里的流线是：进入馆区，先经过那两个馒头窑，转一大圈；站在一层仰望，能够无遮挡地看到厂房天窗；之后上二层，可以俯瞰两个倒焰窑和第二代生产线的全貌。

通过这样的建筑设计和流线设计，时空的距离、历史的信息都被完整呈现、凝练出来。接下来的问题是，陶溪川一期0.11平方公里的土地，应该如何利用起来呢？

从国外的经验来看，不加以利用，而是完全依赖财政转移支付来存续的遗产地保护模式是难以长久的。我认为，工厂过去从事的是经济生产活动，今天的保护其实也是一种经济活动。因而，陶溪川最好能重新融汇到城市的经济过程，形成良性循环；进而激活周边，带动整个城市。

在产业研究中我们意识到，大约两三万的"景漂"群体与游客有很大不同。"景漂"既进行消费性的经济活动，又进行创造性的艺术活动。景德镇还有陶瓷大学、陶瓷研究学院。这些都是可持续保护的前提。

"景漂"喜欢在什么地方集聚，如何吸引他们过来，成为设计的首要问题。在大工业时代，工人集聚在生产线上，制作一个螺丝、一个部件，工作非常枯燥。但整个生产线要求效率的做法，与今天截然不同。"场景"城市理论则提出，鼓励自我表达的、富有特色和人文气息的场所，是经济发展的沃土。俗话说的"好玩"，其实是知识经济、创新经济时代，创意阶层的一个共同的需求。

然而被保护起来的厂房、厂区环境只是场所和空间，要它们变为鼓励创意的"场景"，在今天并不容易。过去的工厂都是冷冰冰的高墙、高窗，如果今天我们不分辨地沿用，它仍然是冷冰冰的，一点都不改变地去原样保护，人们不愿意去。如果整个厂区都是这样，那是朝圣，人们可能也不会故地重游，更不会在这里生活。

在一座遗产建筑内部，甄别可以干预和保留的部分，判定干预行为不会破坏遗产价值，是"遗产活化"的基础。我们把博物馆、美术馆原有东西两侧的高墙改成了艺术店面，在道路两侧形成可交互的界面，你可以进出，就像一个商业街。陶溪川博物馆的西边有一个锯齿厂房，其中一面墙原来只有两个门，我们后来掏出一些窗户，在窗子里做了一个走廊，在厂房内增置几个院子。这样原来很严实、很冰冷的工厂墙面，就变得有点表情了，但你仍然可以读出其工业的过去。屋顶的设计也沿用老的机瓦材料，构造设计了保温层、防水层，在屋顶排水设计上最大限度利用原有的排水沟，但重新计算并扩大排水量，以满足现代设计规范和节能要求。这些都是"适应性改造"，让遗产适应今天的功能，但其中最有特征的部分仍得到保留。

这种改造的前提是：老的就是老的，新的就是新的，但是新老之间要有对话。我们不用现代材料去建仿古的建筑，而是主要采用玻璃、钢结构这样的新材料去改造老厂房。我们也会充分利用传统材料和旧材料：将原来陶瓷博物馆撤换下的窑砖做了整理，用在地面铺装、建筑外墙砌筑中，并恢复了原有的砖砌十字花窗样式，厂区内装饰性的建筑小品则来自原工业构件的清理和移位。我们也尊重老建筑原有的样貌和肌理，在博物馆周围，三个鲜明的砖制烟囱得以原地保留，作为重要的工业遗存和历史信息展现给公众；我们只对烟囱进行了最基本的打光，没有任何现代性的图绘。

从专业角度来说，这种方式保持了遗产的"可识别性"。头一次进入一座老烟囱后面一处十分破旧的厂房，我就意识到："我没有能力设计出一个东西，能够超越它原本的震撼力，超越这种时空的差距。"因为今天的材料、工艺水平、生活方式都与过去不一样。我们保留旧物的原貌，和新生事物放在一起去对比，强化了时间感，也是对过去的尊重。

在美学上，我的理解是拉开了时空的对比，否则那些可贵的老的时间痕迹会被稀释掉。如今各类城市新区，其实已经失去了这种时间维度，历史感的缺失造成神秘感的缺失，时间上没有彼岸。今天大家对老东西感兴趣，年轻人喜欢这种文化情调，是因为老的东西可以非常本能地把你带到一个彼岸的时空里去。而冥想恰恰是为了超越此时此地。

创意工作与一般的伏案工作和体力劳动都不一样，不能24小时都保持火急火燎的状态。他们需要这种冥想的空间来理清一些思绪，转化出一些创作。比如我们去现代型的书店喝咖啡、购买文创产品，这都是传统书店所没有的功能。有人在书店不买书，而是点一杯咖啡发呆，其实也可以说是一种冥想。

遗产保护和利用也是一个生态环境改善的过程。整个陶溪川的城市设计恢复了过去从北面凤凰山到小南河的水系。水景观不但增加了园区的灵动，还为炎热的夏天提供了更凉爽的休闲环境。

在知识经济时代，城市中出现了这种灵活的空间需求，功能活动与城市、建筑之间的关系变得越来越复杂、模糊。在"新经济地理学"中，知识经济所需的氛围、所需的周边服务设施，实际上构成了一个功能的群落，这正是景漂群体所急需的统一平台。但是，这一过程并不是想当然地建一座电影院、一家花店，而是一个动态的酝酿过程。

从2012年起，我们开始尝试从相对简单的"政府+学术团体"的传统保护中走出来，团结有志于遗产保护和活化的社会企业，直接对遗产地进行投资，注入产业和业态，进行地推运营操盘。运营的对象包括商业管理、招商、物业、宣传推广、活动组织等。在陶溪川的实验中，我们提出了"DIBO"的遗产地发展模式：在"守护文化遗产，推动文化遗产的活化"的遗产观的统帅下，以规划设计（Design）为主导，投资（Investment）、建造（Build）、运营协同（Operation）共同作用。

在运营初期，2015年至2017年间，我们经历了外包式运营和业主全盘运营两个阶段，最终效果都不理想。外包式运营中，传统外部商业运营团队的现金流逻辑与陶溪川一期的公益和社会效益优先的定位相冲突，也缺乏产业孵化和挖掘本地资源的能力。业主全盘运营中，业主团队既缺乏效率，又缺乏成本管控的经验和对外输出的渠道，在市场竞争中处于劣势。从2018年起，陶溪川开始实施联合运营，即在商业管理队伍中混编专业团队和业主团队的工作人员，逐渐缓解了两种运营模式的问题和现金流压力。

在最初的硬件上，我们在博物馆两侧的厂房增设了采光庭院。一侧作为艺术家、艺术机构的工作室，结合美术馆的展陈功能；另一侧提供给受众更广阔的年轻艺术形式，例如3D打印、音乐工作室等。我们还策划了商业区、酒店餐饮、游泳池这样的配套设施。

运营则孵化了一些我们在几年前规划时想象不到的新业态和新品牌。例如我们一开始设计的传统陶瓷卖场现在成了直播基地，陶溪川旗舰店在电商平台上线，陶溪川春秋大集在全国都有了号召力。这些产业渐成规模后，我们正在通过建设的"陶公寓"等形式满足景漂的基本生活需求。

旅游业则是从一开始就没有被我们当成主要话题。旅游其实很难作为主导产业，因为它非常挑剔，季节性很强。而城市更新不能脱离产业与就业环境的改善，陶溪川的孵化通过创意产业带动了城市就业机会的增加，解决老工厂衰退产生的就业问题，其就业模式比传统的就业链条更长：从顶端的创意、投资管理人群到当地的一般服务业人群。通过发展本土产业，引来就业人群，产业自身

E04
“大杨浦”与黄浦江，如何久别重逢？

口述：章明　采写：李明洁

就创造了一种生活场景。在这个场景里，物质的空间、功能的运转、活动的人，变成了一台“戏”。旅游者是被这台“戏”吸引过来的。

陶溪川实际上是在知识经济时代，创造一个以景漂群体为主体的场所。它所符合创意场所的特点是：“劳动力密集市场”、有趣的“生活方式”、丰富有意思的“社交活动”、人群的“多样性”、环境与氛围的独特的“真实性”，以及由环境、人物、事件构成的“地方品质”。如今，这种高度功能混合的更新项目越来越多地出现在老城区中，一些衰退的老旧工业区、码头区转为新的服务业和创意产业的场所、相应的产业人群的居住地以及相关的服务设施用地，这些城市也因此愈加具有吸引力。

这样不断生成的、多样混合的功能与场景，特别符合我对城市语言的理解。城市的建筑语言是本平实的小说，不是骈体文。小说里什么人物都有，有骆驼祥子，也有教书先生。城市语言就是一个社会的长卷，这种设计要求大象无形，从中生长出了大千世界。

PHOTO by 战长恒

游人如织的
杨浦滨江钢栈道

PHOTO by 苏圣亮

1、2号码头间
搭建的钢栈桥

黄浦江岸线东端的杨浦滨江，拥有15.5公里的岸线，是上海浦西中心城区的最长岸线段，也是上海开埠以来最集中的工业区。自1869年公共租界当局在原浦江江堤上修筑杨树浦路，揭开了杨浦百年工业文明的序幕，这里曾创造了如上海杨树浦发电厂、上海船厂等无数个“工业之最”，被称为“中国近代工业文明长廊”。

“大杨浦”则是本地人一语双关的叫法，荣耀工业史的另一面，是杨浦滨江在近几十年的衰落与自卑。因为和上海的其他繁华地区一比，杨浦的特点就是土，被快速的城市发展甩在了后面。

从原作工作室到杨浦滨江不过10分钟的车程，沿途混杂着各色建筑，几乎就是20世纪末至21世纪初城市产业结构调整的缩影。伴随着区域内大量的工厂停产迁出，城市生活空间开始见缝插针式地向江边渗透。但这种渗透在到达江边半公里的地方戛然而止。通往滨江基地的最后一段道路崎岖而荒芜，随处可见的厂区的高耸围墙、生锈的金属大门以及“闲人莫入”的标牌提示着：曾被工业时代猛烈冲刷过的这片土地虽疲态尽显，却依然保持着往昔不容窥探的禁地感。

为了“还江于民”，黄浦江两岸的综合开发在2002年就成为上海市的重大战略，目标是实现生产性岸线向生活性岸线的转变。到2017年年底实现从南端徐浦大桥到北端杨浦大桥约45公里的岸线综合贯通，实际上用了15年的时间。而在“上海2035”的总体规划中，“建设具有全球影响力的世界级滨水区”，就站在了更高的位置上推动着滨江带动腹地的升级。

我们认为建筑的目的既在于包含过去，又在于将这些过去转向未来。于是，如何“复活”杨浦滨江的工业基因，并给市民提供一个开放的、日常的亲水空间，成为我们思考与设计的起点。

确切地说，我们是在2015年的夏天，杨浦滨江示范段现场施工已经启动的情况下，接受设计委托的，目标是对原方案进行修改与提升。然而现场踏勘之后，我们完全推倒了原方案——一种“喜闻乐见”的、被大量复制的所谓滨水景

社区营造：
人与社区
E04
社区营造：
人与社区
E04

观模式：通常有着类似的线形流畅的曲线路径、植物园般几百种植物配置、各色花岗岩铺装的广场台阶与步道、似曾相识的景观雕塑以及直接成品采购而来的景观小品。这样的市政景观对于市民来说，与市区里大量的高档的小区、写字楼、酒店的门口并无差异。

如此，原有大地上的痕迹都被抹去了，很多工业遗存也要被拆掉，杨浦滨江也会失去它的场所精神。我们当即决定进行“抢救”式的挖掘和保留工业遗存，同时以边设计、边施工的方式保证第二年7月550米的公共空间示范段能全面如期向市民开放。

位于怀德路的滨江示范段有几处特殊的断点：3号码头曾经是下沉1米的码头区域，当时正在准备施工的方案是把这里完全填平以完成连续。而我们恰恰利用下沉的部分，在高桩码头上种一些绿化，做了连接不同方向的栈桥；另一处1、2号码头栈桥处，原来是两个工厂作业码头之间的缝隙，之前的方案是把它用混凝土直接浇筑并连起来，使缝隙完全消失。我们借这个缝隙搭接了连桥，水可以进入码头之间，人们在这里听水、望水、闻水。这样做一方面界定了原来场地的肌理，一方面也让水的文章可以做得更足。整个架构和建构，包括水管灯，包括江上的船来船往，共同构成曾经有过的工业场景的记忆。

作为滨水公共空间，沿江围栏是构成滨江景观不可或缺的一道风景线。原设计曾经准备使用毫无特征的工业预制品，被我们用充满工业记忆的自设计水管灯给替代了。水管是工业区最常见的构筑物，曾经流淌着水的水管当中，现在流淌的是光，它也成为杨浦滨江的特色和标志。

550米的示范段做完后，大家被改造后的空间打动了，没想到工业魅力和公共空间可以这样结合，我们随即被任命为杨浦滨江南段公共空间总设计师。但更令我惊喜的是周边市民的那种渴望，当示范段被围栏围着，还没有对外开放的时候，大家都会在茶余饭后冲破围栏进来，对我们的改造工作“指手画脚”，共同讨论江边的灯应该亮一点还是暗一点，座椅应该高一点还是低一点。

到了晚上，大量的居民聚集于此，有人在这里吹小号、有人跳舞。这种场景特别有趣，就像我们小时候排队搬着小板凳去看露天电影，十分令人兴奋。所以我当时更加意识到，我们创造的滨江公共空间绝不仅仅是一个旅游目的地，更是应该成为周边居民的日常生活的组成部分。

这种人性化的公共空间其实是上海最需要的，你看上海经济发展情况、交通条件、人均住房都发展得非常好，甚至世界领先。市民在家里的装修也不比外国人差，但房子与房子之间的街道，却经常走不通，大家也缺少聚集与参与公共活动的空间。而这种公共资源、要素，有时候是市政管理者也不知道如何发掘和利用的。

这时，作为专业人士的建筑师，就有责任带领大家进行一个共同认知的提升，而不仅仅是在任务书的红线内完成规定任务。“上海2035总体规划”中就明确提出要打造全球卓越城市，那么我认为江河沿岸、街道等公共空间的品质的提升就是其中的关键，等大家意识到空间变好了，交往增多了，人的满足感和幸福感增加了，上海作为“全球卓越城市”才真正能够讲得出去。

毫不夸张地说，杨浦滨江的改造，就是对滨江公共空间认知的一个价值观转变。公共空间其实也是各种私权利、公权利的一个交汇之处，对城市建筑师的考验越来越大，建筑师最后会成为多方利益和多种要素的一个协调者与平衡者。就像是舞台上的总指挥，将城市设计、建筑设计、景观设计、市政设计、水工设计、生态修复、艺术设计、智慧设计，像小提琴、钢琴、小号等音调，调和成一场非常和谐的交响曲。

所以在550米示范段之外，我们也整体地梳理了杨浦滨江南段5.5公里的总体概念方案，寻求一个将工业区原有特色空间和场所特质重新融入城市生活之中的全新方式。从2015年夏天到去年全线贯通，我们做的工作其实非常多，可以用音乐性的描述来很形象地概括：三带和弦，九章共谱。

三带主要指5.5公里连续不间断的工业遗存博览带，漫步道、慢跑道和骑行道并行的健康活力带，以及原生景观体验带；九章主要是改造上海船厂、上海杨树浦自来水厂、上海第一毛条厂、上海烟草厂、上海杨树浦电厂等形成九段具有工业历史特色的公共空间。

作为“舞台上的总指挥”，建筑师的一个重要角色就是城市发展的合谋者，一个重要技能就是借力，其中最好的例子就是水厂栈桥的贯通。杨浦滨江有535米的防汛墙位于杨树浦水厂外，是黄浦江两岸贯通过程中最大的一个断点。因为水厂一是1883年建成的国家文物保护单位，文物局不允许我们从上面跨过；二是仍在运行，牵扯到三百万人的供水安全，万一有人投毒或者出了安全事故，责任也无法承担。当然，我们更无法将黄浦江的水域面积变窄，这该怎么办呢？

有人跟我说，实在不行我们就绕路，从怀德路转到杨树浦路，再从船厂640号转回来，再回到江边，我们把这段步行道修整好，让大家绕一圈，相信市民也是理解的。但我却觉得如果是这样，滨江就成了“假贯通”，我也不好意思再被叫作总建筑师了。

后来突然发现，水厂外面有一个3.5米直径的源水管，用来把长江上游的水源引到水厂来。因为担心水管被往来船只冲撞，水厂在外围打了防撞桩将水管保护起来。因为桩要抵抗侧向的压力，所以垂直的力就更容易承担。我于是眼前一亮，发现了借力的机会，就提出让他们把桩顶留给行人通过，复合利用。水厂也没想过可以这样，就说那你得做个方案看看。我们就快速做方案，利用防撞桩顶部的空间，释放给公众通行。

水厂栈桥打通以后，成为整个45公里上面最独具特色的一段，桥体形态类似于江岸边首尾相连的趸船，将格构间距控制在750毫米的钢格栅结构体轻盈地“搁置”在粗壮的基础设施结构上。栈桥结构的基本断面呈U形，依据宽度、景观朝向、不同活动的差异发展成为多种不同的断面。人们走在木头栈桥上感受杨浦滨江，回看陆家嘴，能生出许多感慨。

我们借这个力把滨江的最大断点打通了，把不可能的事情变成可能。作为建筑师，在设计方案之外就是逐级推动，因为最开始550米的示范段把大家的观念给转变了，又是为了公共利益，地方管理者可能觉得接受度就高一些。而当管理者认同你的工作之后，他们才会愿意协助，通过滨江办的办公室机制来协调各方的关系，比如建设单位：杨浦滨江投资开发公司、土地收储公司，政府的各个部门：建委、交委、规划局、水务局等。我的一点体会就是，公共空间凝聚的力量是强大的，所包含要素也多，当你的创新设计是为了城市发展的正向推动时，就会有人在你遇到阻力的时候来帮忙，共同化解难题。

如今杨浦滨江公共空间的建设已经相对完善，我觉得下一步最重要的工作就是内容的植入。这其实并不容易，因为业主杨浦滨江公司早期是一个建设型的公司，现在要转型为一个运营公司，在身份的转变中，也会有一个慢慢进步的过程。我们作为总建筑师团队，对后期的运营也有特别的期待。

我也作为2019上海城市空间艺术季的总建筑师，将杨浦滨江南段选为艺术季的主办场地。以艺术植入空间的方式触发“相遇”的主题，搭建一个探讨“滨水空间为人类带来美好生活”的世界性对话平台。此时，艺术的植入就是对空间的进一步激活，更多的关注也会为它带来后续的推动。

杨浦滨江公共空间本身就是一件公共艺术品，是我们共同搭建的开放平台。我们采访过很多到过滨江的杨浦人，问他们这个空间好不好，他们都觉得好，但是又说不出好在哪里。其实我们并不会不高兴，因为建筑师就是要为大众创造更好的环境，市民不需要像厨师一样知晓其中的配方，只要愿意来，我们就很欣慰。

他们也说总觉得熟悉，又觉得哪里都不太一样。这种历史的对比关系，也是我们希望创造的。通过当下的新设计，将老的东西保存下来，新旧并存而产生的断裂与拼贴感，也是一种历史的厚度、时空的张力。滨江段栈桥的红锈色、新种野草的淡黄色、船坞中投影仪重现水流的蓝光，斑斑驳驳地交织在一起，也是一种历史叠合的过程。它从过去慢慢走向现在，会有故事，会带给我们更多的想象。我们称之为叠合的原真，历史其实是一个过程。

这些独具特色、无法再复制的城市场景，累积成了黄浦江新的特色。最终历史的叠合，也被分享给了每一位来访的市民。

E05
我们消逝的生活能重塑吗？

口述：翁东华　采写：孙一丹

PHOTO by 晟龍

长沙
超级文和友外
排队的
热闹景象

PHOTO by 晟龍

长沙超级文和友
永远街内景

超级文和友所处的位置是原长沙市中心最老的社区。1989年我在这里出生，记忆中的城市很小，街道很窄，拥挤扎堆，居民密度很高，挨家挨户的。这里原本没有街巷，邻里之间商量着各让一米，于是市中心就有了很多小巷子。我住的筒子楼里，大概每1.5到2平方米要住一个人，在这样拥挤的环境里，会发生很多有趣的事情。比如谁家丢了东西，很多人都帮他去抓贼；谁家的孩子不听话，在外面惹了什么事，楼里所有人都知道，每天就像一个故事会。

小时候，邻里之间的人情味是非常饱满的，很接地气。一个楼层里，十几家的厨房都在过道上，大家炒菜就一起炒，吃饭就开始串门。吃晚饭的时候，必须要端着碗到别人家去吃，在自己家里吃饭都不叫吃饭，总觉得别人家的菜更好吃。这是由于街巷、邻里和建筑形态所诞生的一种地方文化，变成了长沙人难忘的记忆。

长大后，家就一直在拆迁，商品住宅楼进入社区之后，慢慢将社区吞噬，横向的巷子街道变成了竖向的楼。人口越

社区营造：
人与社区
E05
社区营造：
人与社区
E05

来越垂直化分布，小时候的邻居们被拆散了。文和友创始人文宾也是在这样的环境里长大，他从2010年开始摆摊做宵夜生意，2014年有了“文和友”这个名字，意为“文宾和他的朋友们”，而店面却也一直在拆迁中更换地点。别无选择，2018年，我们终于搬进了海信广场的商业楼里，创建了超级文和友，从单一的餐馆向社区生活方式的平台化发展。我们想要把小时候的邻里关系和情感搬到这栋楼里面来，根据记忆和照片，以及在街上取得的现场拆迁的物件，在这个空间里，重新还原小时候的生活场景。

我们把社区拆迁中被丢掉的东西，做了一次大规模的收集和梳理，把门窗家具等编好号，尽量还原它们的位置，比如哪条街、哪一户人家的家具，尽量收集完整，然后陈列在一个房间里，再把邻居家的东西摆到它隔壁。有趣的是，我发现大家会无止境地丢东西，过去的结婚照、日记本，那些带情感的东西都丢掉了，更不用说不带情感的冷冰冰的家具。从开始捡到现在，已经储存了十几万件旧物。

为什么要花这么多心思去收集这些老旧物件？在拆迁的过程中，人消失了，但过去记忆的物证还在。没有人会关注现代城市拆迁时留下的这些“垃圾”，我们慢慢地把丢掉的东西捡回来，把这些组合在一个现代建筑里面的时候，就形成了一个强烈的冲突——你拆了我又搬回来。如果我们的城市文化要色彩斑斓，一定要保留它好不容易堆积起来的那种特质、那种性格。我们长沙人有一套搞法，“吃得苦，霸得蛮，耐得烦”，我们就在这个地方慢慢堆积这些丢掉的东西。一个城市，不能只靠现代的摩天大楼来表达情绪和欲望。

然而讽刺的是，由于街边店面不停地被拆迁，我们最后还是搬到了这样一个高楼大厦里。在这样一个立体竖向的空间里还原街景，实际上也是一种妥协。在现代城市近几十年的拆迁史中，街道和社区已经慢慢消逝了，我们无法在原来的生活环境里继续生存经营下去。我觉得，在长沙市中心的一栋现代建筑里刻意做旧，和翻新古街等城市改造的区别在于，超级文和友本质上不是对逝去生活的还原式复刻，而是对我们心中一种理想化社区感的创造。

在我过去生活社区被拆迁的过程中，儿时吃的凉面、猪油拌粉、麻油猪血那些没有招牌的街边小吃，原是阿姨奶奶们在原来社区门口摆摊服务社区居民的，都被拆除了。这些人是老长沙人，自己的手工做的食品卖给邻居，口口相传又卖给社区更多人，之后就有了一个街边小店，一干就是二三十年。虽然他们的文化水平很低，也许连普通话也不会说，但他们做自己的事业的时候是很严肃认真的。一个小店经营超过了20年的，一般都会比较有态度。

城市发展要拆迁，可是这些人就要回到农村吗？小摊贩的临时建筑被征收拆除之后，丧失了原本的生存空间。那个时候我就想，为什么不能搬到我们的空间里面来摆摊？于是卖糖人的、炸臭豆腐的、卖凉面的，就一一都搬了进来，把这些老品牌保留下来，让他们继续生存下去。我们要过自己选择的生活，至少得有人情味一点，不能被城市发展给妥协了。

在3楼到4楼的地方，我们重建了永远街，它原是城市中连接下河街与坡子街的小街，如今已经消逝。永远街走上去就像一条真实的街道，有30来户老字号小吃和市井品牌，如乔伯凉面、东瓜山香肠、刘记糖油粑粑，他们都是有30年以上摆摊经历的个体商户，是很有态度的摆摊人，我们一家一家把他们搬进来。有一个李叔，下岗后在八一桥下用柴火炸臭干子，扎扎实实炸了24年，我就跑去请他来我们店里摆摊。

不仅是我们小时候的摊贩在这里摆摊，他们的后辈三代人，奶奶、儿子、孙子都在这里一起做生意。我原来住过下河街，在下河街卖凉面的奶奶82岁了，她把凉面店传给了女儿，女儿就继续做了20年凉面。店面被拆除后，她的女儿来到超级文和友继续做，又将店传给了外孙女。不仅把老城区的东西保留下来，也让老城区的人世世代代地生存下去，这是很重要的。不然，城市真的全部变成一个样子，不叫长沙，不叫北京，不叫武汉，全都叫“城市”。

有人质疑我们是“贩卖情怀”，只有复古外貌，没有实际生活在这里的记忆和文化内涵。我们有对小时候生活的社区环境的怀念，这种感情是真实的。超级文和友的建筑形态实际上不是复古，更像是一种行为艺术，把别人搬拆迁过程中丢弃的东西拿来拼凑在一起，后期再使用美术、置景、做旧等方式，运用在这个消费空间和体验性场景里面。然而，如果只有这个场景，就会变得空白，无力表述自己的故事，能否找到和场景契合的产品和内容是最重要的，并带来强关联的互动。我们把这些街边商贩搬到超级文和友里，继续他们的事业，坚持自己的产品质量和态度，互动才是这个场景背后的血液和灵魂。

我们把超级文和友看成一个大型社区，长沙市中心的市民和我们社区的人在里面生活，希望以后他们把家也搬进来。我小时候邻居家的伯伯和婆婆就在超级文和友店里当清洁员，蒸饭洗菜的阿姨也是我原来居住的社区的，都是五六十岁的老长沙人。原来社区里需要生存空间的人，在这里得以继续生存。

超级文和友作为一个城市的公共空间，除了餐饮消费外，我们希望它最终变成一个24小时对外开放的、人人都可以进来玩的空间。这个空间里有剧场、live house等年轻人喜欢的空间，也有棋牌、洗脚、按摩等老人喜欢的空间，就和原来社区里面的一样。最重要的是，我们希望本地的平民百姓可以来这里享受乐趣，回忆过去，给他们一个合适的生活空间。

长沙人早上喜欢喝茶，一杯茶5块钱，要喝一上午，于是我们就开始摆茶摊。长沙人早上喜欢嗦粉，但市中心的米粉店特别少，都被拆迁了，我们计划在一楼开一个粉店。超级文和友的正对面就是沿江风光带，早上6点有很多人在那里跳广场舞，唱花鼓戏，散步。这些老长沙人都是已经退休了的父母辈，在那里游逛的时候，常常找不到一个好的地方去喝杯茶、吃碗粉。早上6点到10点没有游客，这4个小时可以安安静静地腾出来，让他们下棋、聊聊天、喝茶吃粉。

这里还会举办社区活动，很多是居民自己发起的。比如一群老摄影家想办展览，他们不想去博物馆办，而在这里面办，这里就具有了类似城市美术馆的功能。我们每年都会办两场大型展览，有适合我们环境的，也有长沙本地文化符

E06
你爱的老胡同，正慢慢变年轻

口述：王玉熙　采写：孙一丹

号的。

对于市民来说，老年人来是为了怀旧，年轻人来更多是猎奇。根据后台买单系统的统计，1996年之后出生的顾客占了将近40%，他们出生在高楼里，没有在这样的社区生活的经历。我经常碰到小学初中的小孩子问道：为什么这里面这么破烂不堪，都是旧东西？他的爷爷奶奶就会跟他解释，这是我们年轻时候的居住环境，带你们来感受一下。然而，在城市更新的大背景下，一面是重新翻新的古街，一面是故意做旧的新建筑，超级文和友会不会成为"城中村"一样的奇观？我们没有答案。

在节假日里，来玩的本地人比较少；平常周一到周四，本地人大概有70%，到了周末本地人就只剩下30%了。超级文和友现在已经变成了景点，这是我们目前遇到的最大的问题。我们希望更多本地人能来享受这个空间，但有了这么多游客之后，我们又有了另外的身份，在这种人流基础上，需要再去给更多的空间做改造和升级。

再过几十年，现在的市民都没有了，全都是新长沙人，他们还能不能接受超级文和友，接受我们的生活方式和过去的记忆？这是文和友面对的最大挑战。当这一批人老去，新一批人起来的时候，超级文和友所承载的城市记忆跟他们有可能是不吻合的。如果新长沙人不能接受我们了，我们是不是又会变成了太平街、坡子街一样的仿古商业街？我们是不是又会变成一种游客？

PHOTO by 白塔寺再生计划

429共享院举办夜间活动

PHOTO by 吕博

白塔寺

传统的东方居住文化中很重要的就是熟人文化。农业时代讲究宗族关系，那时候大家都认识，彼此之间会有一种互相讲理、互相帮助的感觉。胡同里的平房、院门都在一个相对公开的半敞开环境里，门挨着街，临着院，很容易跟外边的人产生交集。你会觉得这里的人很友善，而且这种友善是外化的，能看得出来。进入工业时代，单元住宅楼体现的是西方居住文化，是比较客气的，邻里之间并不彼此需要，可能点个外卖就解决很多问题了，但胡同这里需要。

老北京的味道，在老城里是一种独特的存在。这些人只要搬出去，比如享受了腾退政策，搬到了一个新小区，居住条件得到了明显的改善，这种邻里的文化就会消失。只有在这个空间的形态之内，在街道和房屋的尺寸和范围之内，才会保留。

老北京文化，有一半源于老一辈对过往记忆存在空间的想象和期待，还有一半是年轻人对于这个区域不一样的感受，两者一起形成了这里的独特文化气息。在这里你能找到80多岁的老人，给你讲述的故事都是这里发生的。这是一种真实生活方式演变的表现形式，能保留这些原有空间的人文特性，是比较难得的。

从2013年开始，我们从居住人口、建筑形态、公共设施的配套，基础设施的引入，以及道路组织的优化，对白塔寺老城区进行改造，分为点、线、片。从2013年到2016年，我们做了很多单个院子的改造，这是"点"。同时也以街为单位，修缮路面和沿街立面，这是沿街的第一层门脸儿，"线"。目前，点和线都还在做，比重上逐步向"面"进行转移。

然而，老城区的整个文化及生态更新还处于相对初步的摸索阶段，和成熟还有距离。老城本身的属性比较单一，百分之九十都是居民。商业就占百分之十左右，商业品质也比较差。从功能上来

社区营造：
人与社区
E06
社区营造：
人与社区
E06

PHOTO by 都市实践

二合院的
聊天互动空间

讲，商业基本上都是内向的、封闭的，跟外界没什么关系。老街区需要一些真正能和外界联系起来的空间，并找到商业运营的模式，这样才是可持续的。

首都核心区是有定位的，服务于国际交往和文化传播，白塔寺这么重要的一个片区，不只有白塔，还有什么样的文化可以去挖掘和体现？要想承担这个功能，就要有这方面的载体，一种文化交流的场所。比如位于赵登禹路的"429共享院"，是北京老城区首个中法合作试点。为什么法方不去郊区选择一个更大的院落，而宁愿在城市中心选择一个小点的院子来做呢？因为它能够代表北京。这个区域如果有更多这样的院落和空间，做更多类似的活动，它的文化交流和对外桥梁作用就呈现出来了。

有人说，白塔寺老城区里的商业、文创，以及设计周的创意市集等，这些年轻人的东西和老居民们的生活似乎是割裂开的。在我看来，割裂也不是大问题，只要能共生就可以。

一个传统老街区要有老居民和老街坊在，我们不能光保护它建筑的形态，人文形态也应该进行保护。然而，老城区的老龄化已经非常严重，老年人口占到三分之二，年轻人不愿意在这里。它跟外界应该有更多的联系，有一些能够让年轻人回归到老街区的活动空间，才能有活力。年轻人和老人之间，并不要求他们的爱好或生活习惯是一样的，这个区域应该是包容的。老邻居、老街坊在这里怡然自得地生活，年轻人也能找到一种新奇感，发现这里的乐趣。

共生，并不要求同质。年轻人和老年人，建筑师和居民，今后会不会发生某种联系，就要靠自然生长了。老街区要追求年龄结构的多元化，生活需求的多元化。如果能让更多的年轻人回到这里，能让一些不生活在本地的人群关注这个区域，本身就是成功的。

白塔寺最大的问题是，缺乏对外界的持续吸引力，尤其对年轻群体。北京设计周期间来看展览的年轻人，是因为网红打卡地而来的，或者是因为这里有一些喜欢的设计师的展览项目。他到这里来，是追求一种新奇感，看完了也就走了。如果哪天还有类似的活动，满足了这种需求，当然还会再来，但这不是一个常态。

一个老城区如果缺少与外部世界的互动关系，缺乏有机的联系，它本身机体也不会是健康的，会持续地衰老。人有新陈代谢，健康的人应该有新鲜的氧气、血液以及营养持续地互动交换，能够把外在的营养转化成为内在的营养。现在的情况是，白塔寺街区缺乏一种新鲜的力量，阳光和雨露特别少，有机体是活着的，但不是很强壮，处于一种非常低迷的维持平衡状态。

我希望它有一些新的功能，有新的人群，让这个城市需要它。不是说它有很多的平房，遗留的是20世纪90年代的记忆，就是合理的需要，对于在这里居住的人来讲也不公平。凭什么人家就要在这里满足几十年前的生活状态？

它也应该跟外界能够产生足够多的联系，在生活需求的满足上、体验式生活的功能上，或空间艺术的审美上，能够为这个城市提供服务。一旦在城市里重新找到定位，它的状态就会从一个老年人恢复成一个年轻人。

此外，落后和混乱也是老城共同面临的问题。比如，由于缺乏公共设施，没有停车位，胡同的停车比较混乱。白塔寺更新的实验，第一阶段过去了，到了一个瓶颈期。想去突破它，面临的压力比前几年更大。

我们有一些改造过后的示范院，想鼓励居民根据自己的意愿对房子进行改造。请了明星建筑师来，他们对空间形态的改造是完全成功的，但是真正能够带来的示范作用，依然还是有限的。白塔寺老街区里大量的都是公房，老百姓没有责任和权利对房屋自行进行改造。少量私房的产权是个人的，但改造同样受到限制。目前还没有形成一个有效的机制来推动产权人的自我更新。老城的问题不是设计能够完全解决的，产权高度分散的问题也有可能会长期伴随。

居民区院内的空间整治，难度也比较大。院落改造，技术上是没有问题，但小院的产权问题很复杂。这是私人的领域，行政的公权很难进入到院里头；同时，这里头又有很多公共空间，两户三户的有一个小的公权，大家怎么协商改造？这些公共空间很容易被私占，小的私权总会慢慢占掉一些小的公权。如果没有一套机制和规范有效约束，总会反复出现问题。目前对这么微观的领域，我们还没有找到可行的机制，它跟社会、人文和行为很有关系，要对居民生活进行持续性的观察和改进的实验。

目前白塔寺区域老城区的改造方法，还没有稳定和固化。老城改造是一个长时间的工程，以十年为一个基本单位。七年来的经验告诉我们，单靠老百姓的自发去更新是不可行的，需要一个主体来积极地推动这件事情，同时必须有政府的强力配合，尤其是属地政府。老城里的差和乱，不是靠简单的投入能够完成的，而是城市治理的结果。比如建房子，只是建了它的形，但房子周围经常停很多车，出行很困难，垃圾满大街，这些都是治理的问题。首先要治乱，才能更新。

除此之外，还需要有市场的介入。不过，作为一个住宅区，大比例的居民要留下来，引进商家的比例不会太高，即使注入一些新的元素，它也是新旧共生的，不会一方完全压倒或清除一方。引进老城区的商业，应该有一种克制和控制，在传统的商业区域展开，因为它跟周边的关系其实在若干年前已经存在了。只需要做一个升级，商业和居住的平衡关系依然还要持续。

同时，商家的介入选择也要找到合适的介入点，它不能是一个外来的强物种，既能保持自己的独立性，又能和原有的嫁接和共生。我们希望文化机构先行，因为它跟周边老百姓的关系容易融合，是一种相对温和的介入方式。比方说每年搞设计周，为什么不搞啤酒节？设计周对周边的邻里关系和老百姓的生活没有太多的破坏，但是搞啤酒节就不一样了，它需要大量的人流，需要热热闹闹的场面，跟周边邻里很容易产生矛盾。

通过新陈代谢的方式，引入年轻的力量，在旧的领域植入新的内容。跟鱼缸换水一样，要是把百分之百的水全部换掉，鱼很有可能会死掉；如果一次可能换掉三分之一，三分之二还是原来的水，这样鱼也能适应，加入的水也很容易能够跟原来的水结合在一起。这样一种健康的状态，是更新的基础。

旧城改造是三条腿来支撑形成的一个体系，政府治乱，企业有选择地去除一部分的旧，然后依靠社会的多元力量，把新的内容植入进来。我们做的是去旧的事，添新的内容需要社会各方的力量，才让旧城真正“新生”。

成都，草木有城池人情

PHOTO by 蔡小川

绿道上颇具设计感的五岔子大桥

丘濂

在春天来到成都是幸运的。从初春到暮春，城市处处繁花似锦，又在交替变换。“你可以去新华大道欣赏木绣球，到武侯祠大街观看樱花，前往红星桥目睹如紫色云霞般的泡桐，或者跑到猛追湾感受洁白优雅的玉兰。”《街巷里的四季：成都草木寻踪》的作者孙海一口气向我列举了好几处此时可以赏花的地点，“都不是什么特别的景点，不过是平平常常的街道。然而花期一到，立刻惊艳了路人”。有时候与花朵也是不期而遇的。他给我展示手机里刚刚拍下的木香花照片。就在前来与我碰面的路上，在一处老式居民区的大门口，一大丛木香花轰轰烈烈地倾泻下来，颇为震撼。

人类热爱自然是天性。从地理位置和温度气候来看，成都有着让人亲近自然的优势。它是全国唯一能够从市区望到

PHOTO by 蔡小川

在交子公园里
野餐的市民们，
这里也是家庭
亲子活动的场所

人民公园的鹤鸣茶社
有着大片露天茶座，
深受市民和
游客的欢迎

PHOTO by 蔡小川

设计师王亥，自称“街娃儿”，
他对成都的小街小巷
感情深厚

5000米以上雪山的特大中心城市。微信上有一个“在成都遥望雪山”群，每逢天气晴朗时，成员们就会纷纷晒出从自家窗前拍摄到的壮美雪山。事实上，开车也只需要两个小时，就能从位于冲积平原的城市中心上升到海拔5000多米的西岭大雪塘脚下，去体会由落差孕育的生物多样性。成都属于亚热带湿润气候，太平洋和印度洋两股暖湿气流交汇带来丰沛雨水，这里春早而冬暖。春季当然各种花开最盛，其他季节也同样能看到花色葳蕤、草木葱茏的景象。

“也许你会说南方城市大抵如此，但成都的植物是被历代文人反复书写过的，其中承载的历史文化，让一草一木都显现出了不一样的气质。”孙海这样对我说。孙海的另一个身份是成都青羊区作家协会副主席。成都青羊区集中了大量的文博旅游资源，孙海策划了“寻香青羊”的路线，定期带着辖区里的孩子和家长，结合文物古迹来认识植物。按照路线，我们一路从道家圣地青羊宫，前往浣花溪公园。陆游写过一首《梅花绝句》，后两句是“二十里中香不断，青羊宫到浣花溪”。“早春时沿途仍能赏梅，只不过现在多为一种名叫美人梅的现代园林品种，花朵更为娇艳。”海棠倒是正当其时，路上经常能碰到它的一树繁花。相比之下，陆游对海棠花更为痴迷，自称为“海棠颠”。陆游一生作过40余首海棠诗，大部分都写于在成都期间，“成都海棠十万株，繁华盛丽天下无”就是最出名的一句。

2018年，是成都开启公园城市建设的元年。如今漫步在成都，有如徜徉在一个巨型的公园当中。这不仅得益于沿街的行道树和绿化小品，还有从城市核心区到郊野，分布着的大大小

PHOTO by 蔡小川

在彭镇观音阁茶馆，
上午八九点钟是
周边老茶客
聚会的时间

PHOTO by 蔡小川

PHOTO by 蔡小川

在远洋太古里街区，商业建筑的
高度都不能超过大慈寺藏经阁

小1000多个公园。公园的外墙近些年已经陆续拆掉，市民们从四面随意进出，城市与公园已然融合为整体。人们在水泥丛林里待得厌倦了，走上几步就能置身于一个绿意盎然的空间，被虫鸣鸟叫所环绕。

年代悠久的公园自有魅力。成都最早的公园是人民公园，它在1911年刚刚建造时被称作少城公园。1949年，少城公园更名为人民公园。今天这座公园正如名字所示，最为著名的就是绿树掩映下，丰富多彩的民众活动：喝茶、跳舞、唱歌、下棋、写书法、相亲、划船……这里还是成都花展最多的公园。一年一度的菊花展，已经办了58届。生态景观和人文景观相结合，就蕴含在成都公园的基因之中。

新近建设的公园则又是截然不同的气象。天府绿道工程是成都营造公园城市的重要一项，至2035年，总长度达1.69万公里的绿道系统将会形成一个巨大的绿色网络。整个绿道体系最关键的部分是沿着绕城高速建造的锦城绿道，也被称作锦城公园，实际是由一系列公园构成的。目前已形成锦城湖、桂溪生态公园、中和湿地、江家艺苑、花田湿地、青龙湖等园区。从空中看去建成之后的锦城公园，就像一条绿色的丝带环绕成都城区一圈。它对城市不仅起到生态养护、降尘作用，更提供了一个绿色、时尚消费新场景空间。公园与公园之间是相通的，即使碰到车行道路阻断，也有桥梁横跨相连。时间要是足够，人在里面可以完整骑行或者走完一圈。

老公园展现的是川西古典园林之美，新公园则体现了当代生态设计理念，能够看到时下休闲健身的潮流动向。在锦城绿

PHOTO by 蔡小川

成都文化学者
袁庭栋，
也是
《成都街巷志》的
作者

PHOTO by 蔡小川

玉林东路“巷子里”
社区公共空间，
吸引了不同年龄的
居民光临

PHOTO by 蔡小川

在玉林片区逛街，
时常能相遇宝藏小店

道上的桂溪生态公园和锦城湖公园，“海绵城市”的方法运用其中，无论是绿地还是步道，都可以借助渗透井和渗水边沟快速排水。老公园里稀缺的大面积可进入式草坪、巨型湖泊和林荫道慢跑体系在这里都有布局。在草地上野餐、放风筝、参加啤酒嘉年华，在湖面上尝试皮划艇、站立划水桨板、小帆船，是这里流行的市民活动。慢跑的人们拥有更为开阔的视野，一边跑步一边沉浸在天府新区的景色中——新区有独特的城市色彩美学，“透蓝、渗绿、银城、彩市”。银灰色鳞次栉比的写字楼是远景，近景是湖水与蓝天的相互映衬，以及植物的环抱。

同样处于锦城公园中的青龙湖湿地公园是个观鸟的好地方。“青龙湖公园足够大，有湖心岛这样的地方完全不会被人类打扰。乔、灌、草相结合生境更为丰富，鸟的种类就会更多，第一次观鸟的人就会感到惊喜。”观鸟爱好者蒋志友告诉我。他所创立的乡野走廊是个自然教育机构，经常组织孩子们前来观鸟。

观察水鸟是对初学者更为简单友好的方式。因为无需用望远镜去上下寻觅，水面是舞台，水鸟就是演出的主角。青龙湖公园湖水面积足有4000亩，是成都市最大的湖泊，便成了水鸟活动的天堂。有鸟友见到在成都已经销声匿迹半个世纪的棉凫重出江湖，那是世界上体形最小的雁鸭类；全国仅剩1500多只的极危物种青头潜鸭也在青龙湖显现身影。这天清早我们的运气不错，仅仅走了不到一小时，就看到了24种鸟。蒋志友经常会在上班之前，来这里溜达一会儿。和这些共同栖居在城市里的动物朋友问声早安，能让他一天的心情都保持舒畅。

夜色降临时，“锦江夜游”的游船就要从东门码头出发了。

悬挂着红灯笼的乌篷船队一路经过合江亭到安顺廊桥，再折返回来。在水声和灯影里，游客们一边可以细细感受锦江水生态治理和沿江绿道的营造成果，一边则可以顺着时间的长河逆流而上，进行一番关于历史的怀想。

城市需要安放得住记忆，无论这份记忆属于个人还是集体。承载了记忆的城市，能唤起人留恋的情感，也造就了此城和彼城的差异。

成都建城至今2300多年来城名未改、城址未变，而这两江环抱一城的格局早在唐朝时就已经定下，一直绵延至今——当时为了抵御吐蕃、南诏的滋扰，将领高骈修筑成都府的罗城。府河与南河本是两条并行的河流。高骈在府河的上游郫江修縻枣堰导流，以改变府河的流向，使它北流东行，在城东折向南边，与南河在合江亭相汇。

两条河流就成了包围成都的护城河，统称为锦江。就像黄浦江之于上海，珠江之于广州，香江之于香港，锦江见证了成都这座城市的演变。古代的锦江河面比现在宽阔，水量比今天大，是一条出入川的重要通道。杜甫的“门泊东吴万里船”、李白的“濯锦清江万里流，云帆龙舸下扬州”写的都是锦江之上大船游弋的景致。合江亭因为处于两江汇合的优越位置，是一个码头渡口，也是文人墨客们吟诗作赋、饯别友人的地方。范成大的诗就说：“合江亭前送我来，合江县里别我去。”这说明送行的人依依不舍，从合江亭一直将他送到了300多公里以外的合江县。

再往前的安顺廊桥，最初的建筑踪迹可以追溯到元代，是锦江上另一个颇为热闹的码头。马可·波罗来到成都时，对这里的水和桥都印象深刻，这些让他想起了故乡威尼斯。他形容锦江“此川之宽，不似河流，竟似一海”。他描写一座有顶石桥：“从桥的一端到另一端，两边各有一排大理石桥柱，支撑着桥顶。桥顶是木质结构，装饰着红色的图画，上面还铺上瓦片。整个桥面上排列着工整的房间和铺子，经营各种生意。其中有一幢较大的建筑物是收税官吏的住房。凡经过这座桥的人都要交纳一种通行税。”这应该就是安顺廊桥当年的样子。

从东门码头上岸走上不到一公里，便到了大慈寺。大慈寺始建于魏晋，极盛于唐宋，这和河流改道有很大关系。由于客运与货运都移到了东门之外的码头进行，城东一带便繁华起来。大慈寺正好就处于内城东门到外城东门之间自然形成的一条东干道上。香火最为鼎盛的时候，大慈寺共有96个院落，8524间厅室，占据了成都四分之一的面积，有“震旦第一丛林”（震旦是古印度对中国的称呼）之誉。眼前所见的大慈寺是1876年鉴真和尚发愿重修的，占地仅有盛时面积的一个零头。

有意思的是，历史上的大慈寺一直是一处洋溢着世俗欢乐气息的佛教圣地。这里当然有着庄严肃穆的宗教活动，相传高僧玄奘来此学习过佛法，也是在大慈寺的大殿上正式剃度出家；这里也有着精美的宗教艺术，苏轼在游览大慈寺时夸赞过壁画“精妙冠世”，因为当时大慈寺有100多幅壁画精品，其中就包括唐代画家吴道子的亲笔画10幅；不过大慈寺同时以成都的商业和游乐中心著称。宋代侯溥在《寿宁院记》中写道：“成都大圣慈寺据圜阓之腹，商列贾次，茶炉药榜，篷占筵专，倡优杂戏之类，坌然其中。”除了坐商之外，大慈寺一年到头还有诸多临时性的庙会：农历二月十五卖花木蚕器，称为蚕市；五月卖香药，称为药市；冬月卖用具器物，称为七宝市。

远洋太古里的出现，仿佛就是在呼应那个古老的市与寺的共存，让大慈寺这片一度老旧破败的街区重新成为成都的地标。在这片新的商业街区里，大慈寺依旧是重中之重——所有建筑是两层或者三层，不超过大慈寺藏经阁的高度；它们的屋顶用的是川西传统建筑的深灰瓦坡屋顶，在大慈寺面前显得谦逊低调，也和寺庙红墙形成了颜色的对比。

原本区域里广东会馆、欣庐、马家巷禅院、章华里、笔帖式、字库塔六处历史院落被保留下来，它们围绕着大慈寺形成了U字形状。U字形状以内，被称作“慢里”，这里安排的是以轻食和创意生活品牌为主的业态，刻意用这种缓慢安静的消费形式形成包裹精神内核的隔离带。“慢里”中还有一条水体。这是因为建筑师了解到历史上有一条名为解玉溪的河水从大慈寺边流过，重新以当代设计手法演绎这条水流能够衬托出周边雅致的环境，也制造出了怡人的微气候。外围的大U字形，是“快里”，那里分布着各大一线品牌，不少都是西南地区首店，因而成为成都最摩登时髦人群的流连忘返之地。

对成都图书馆副馆长肖平来说，他每次来到远洋太古里都有一条固定的路线。他会穿过外层“快里”的喧嚣扰攘，直奔位于“慢里”之中的方所书店。这个集设计服装、生活艺术品和图书于一体的书店，每次光顾都有新的收获。接着他就要去趟大慈寺。

肖平的脑海里会不断想起1987年夏天的傍晚，他第一次来到大慈寺的情景。那时他刚从北京师范大学毕业，被分配到了成都市博物馆工作，而博物馆就位于大慈寺内。“半掩的红漆大门后，几个摇着蒲扇的老人正在小木凳上悠闲地下着象棋。日益嘈杂的都市里，竟然有如此静谧的所在，也不知它在那儿等我多久了。”肖平照例会去看看他当年工作和住宿的小院，还有乘过阴凉的大树。时过境迁，虽然大慈寺里的露天茶座已经从大殿与大殿之间的空场，搬到了偏殿中的院落，博物馆搬走后，也无从透过雕花木窗窥见那些古老的字画，但是当茶园里四川清音的声音响起，那种安详又悠然自得的气息就又回来了，好像一切都未曾改变过。

巷和里定义了旧时成都的城市肌理。“新中国成立以前的成都，用巷和里结尾的街道名占到了百分之六七十。那时宽阔的称作‘街’，比如清代时全城最宽的街是东大街，各大商号云集。而成都第一条南北向的大路是1958年开始修建的人民南路，后来不断向南延伸，是成都的中轴线。”设计师王亥这样告诉我。王亥出生在华兴街，长在春熙路，自称“街(gāi)娃儿”，对成都的小街小巷感情深厚。“在巷和里中，有人情关系的建立，也有店铺小贩的聚集。路是为车通行的，巷和里是以人为尺度的。”

其实“里”的叫法并非来自成都本地。“成都只有东门附近才有‘里’的名称。‘里’是里弄，是江浙一带的人对巷子的称谓。原因就是过去江浙的商人走水路交通来到成都贩卖丝绸等杂货，赚钱之后在靠近东门的地方建造院落，就把故乡的称呼挪用过来。”巧合的是，开发商太古集团在中国的发展轨迹是从上海开始的。王亥推测，北京和成都，太古地产的项目都叫作太古里，和品牌历史相关。这个有着上海色彩的词，竟然无意中契合了成都这座城市的移民史。

王亥曾经主持过一个名叫崇德里的旧城有机更新项目，后来成为旧城更新的典范案例。他积极参与进来，源自他本人的经历。王亥1987年去香港谋求事业。他走之前，成都的城区就局限在两江环抱一城的范围，基本就是今天的一环路之内，外面是零星工厂和广袤菜地。他几乎年年都会回成都待一段时间，眼见着城市在一圈圈向外扩大，熟悉的老城在一点点消失。“我快要找不到回家的路了。”

根据成都文化学者袁庭栋所著的《成都街巷志》，崇德里这条小巷北起中东大街，南接红石柱横街，本是一条无名小巷。

1925年，一名叫王崇德的商人在此建房，命名小巷为崇德里。崇德里南北两端都有骑楼。抗战时期，作家李劼人在乐山开办的嘉乐纸厂的成都办事处就设在其中一座骑楼之上。由李劼人担任会长的"中华文艺界抗敌协会成都分会"也在这里。不过，当王亥重新面对崇德里时，它只是一条还剩下60米的残巷。南北两头的骑楼早已被拆毁，南端入口处是个公共厕所，李劼人当年究竟在哪里办公过已经不可考。作为锦江区的棚户区改造点，居民已经搬出，腾出来了三座破败不堪的院子和一座老旧的教工住宅楼。

改造好后的崇德里仍然维持小巷的宽窄。要打车过去，入口极易错过，倒是和出租车师傅说"红石柱横街那个有公共厕所的地方"，人人都知道。这是王亥想要的效果，他不想破坏周遭业已形成的生态。崇德里的石板路坑洼不平，多走几个人就需要侧身。"什么是好空间？他走过来，我让一下，这就是属于人与人的空间。这一来一让，相互打个招呼，人和人就有了感情。"空出来的房子他赋予了三种功能，分别是"谈茶""吃过"和"驻下"，满足了喝茶、用餐、办公和住宿的几种需求。房子里，过往岁月的痕迹一丝一毫全部保留下来。柱子上看得到虫蛀过的地方，实在朽坏得不行的部分才嵌入新的木头，新旧之间要区分得清清楚楚。即使里面配备了非常先进的设备，也要给老物件让位。餐厅里有个价值百万的德国橱柜，但为了不破坏房间里的柱子，生生被切割成了U形。

王亥平时见朋友都喜欢约在崇德里。他称崇德里是"一个城市的回家路"，是一个让他感到踏实的地方。最近他参与的另一个旧城更新的项目耿家巷就在不远处。耿家巷有民国时期绸布业富商杨润之的宅院"润居"，也有"湖广填四川"时从广东迁徙过来的邱家人所建的"邱氏祠堂"，还汇聚了五金、干货、文具、蔬菜等形形色色的小店。这里将是一个比崇德里更为复杂的更新项目。王亥乐此不疲，愿意贡献一己之力来保存老成都市井的烟火气。

不仅老成都遗留下来了可供逛游玩味的街巷，当代成都也生长出人性化的城市肌理。玉林就是这样一片街区。玉林是一个宽泛的地理概念，大概是成都的一环路、二环路、永丰路和人民南路所包围的区域，分别由芳草街道办和玉林街道办来管辖。即使你没有来过玉林，你一定也记得歌手赵雷唱的歌曲《成都》里那句"走到玉林路的尽头，坐在小酒馆的门口"；你所在的城市可能也有一个"玉林串串香"的餐馆；你可能还知道诗人翟永明开的那家"白夜"酒吧，最早的地址也是在玉林。玉林究竟有何魔力，吸引艺术家、文艺青年、创业者全部聚集于此？

建筑师刘家琨的工作室在玉林多年，对玉林做过许多观察。他选择用建筑类型和街巷尺度来解释玉林的独特。玉林的楼房集中建于20世纪80年代末到90年代初。1993年，玉林的沙子堰巷修建了一些政府和企业配套的家属楼。其中若干大户型的房间，有着对当时居民来说，用起来并不习惯的大客厅，无意中成为画家中意的工作空间。艺术家们口口相传，周春芽、何多苓、翟永明、张晓刚、唐蕾等人陆续定居于此。艺术家们的聚居，促进了酒吧的诞生。唐蕾的"小酒馆"和翟永明的"白夜"都是这样，为了方便大家聚会交流，相继在玉林西路上开张的。

和之后市场经济起来后，城中那种"孤岛"一样的房地产大盘不一样，玉林多是几栋住宅楼组成的微型院区。宽度不等的街巷有如毛细血管一样，将这些建筑组织在一起。进出口就在楼群和院落，出了大门仍是玉林，同时也是与城市融合的公共空间。经过多年发展，酒吧和政府主导发展的服装零售业态，由于聚集效应多集中在主干道玉林西路上，而背街小巷里却大量存在着好吃又便宜的"苍蝇馆子"，修车、补鞋、露天理发和流动卖菜这样的传统业态，以及坚信酒香不怕巷子深的年轻人开出的时尚小店。刘家琨专门写过一篇题为《玉林颂》的文章，赞叹玉林对于成都而言的地位，就像是苏荷区（SOHO）之于纽约。

随着沙子堰的画家们搬到房间更大、租金更低廉的蓝顶艺术区，小酒馆因为噪声原因将演出放到了芳沁分店，"白夜"搬去了宽窄巷子，服装实体也由于网购的兴起变得不再吃香，玉林曾出现过一段时间的萧条。转折点是2016年，赵雷的那首《成都》一下子又把小酒馆和玉林西路唱火了。赵雷说那句歌词饱含了他对唐蕾的感激——2007年他来到成都，写了一些歌，很想在已经是地下音乐圣地的小酒馆演唱。得知小酒馆的演出都需要提前安排，他怀着试试看的心情当面找到唐蕾，没想到对方爽快地答应了。"是你给了我对成都的初次印象，那是我一辈子都忘不掉的。"赵雷曾给唐蕾发去短信。

玉林西路的再次走红给玉林片区带来了业态升级丰富的更多可能。芳草街道就发起了一个"城市合伙人"项目，邀请第三方运营团队，一起来做玉林片区的商业调整。屈强自己有文化公司，也是街道聘请的"城市合伙人"。如何让前来小酒馆打卡的人群在整个街区停留更长时间，并且还能够将他们引向街巷深处？屈强想出的办法是将一些吸引人流的关键节点重新打造。有的是消极空间的改造，屈强的团队来经营。有的则是在上一个租约期满后，屈强作为中间人，再来寻找合适的租户。

于是街巷里的车棚被改成了一个定期做展览的小小美术馆，人们能够在这里领到一份街区小店的手绘地图。堆放清洁用具的卫生站则改造好后出租给精酿啤酒品牌来做啤酒品鉴，卖水泥河砂的街角小店变身为售卖椰子水的小铺，街道的一溜儿办公用房成为创意市集的摊主们固定营业的实体店。未来在玉林逛街，将会在小街小巷中发现更多"珍宝"。

逛街走得累了，不如去茶馆歇歇脚。成都的茶馆仅工商注册的就有一万多家，这还不算那些在社区里随便摆几把竹椅就形成的茶座。成都周围是山，水蒸气在上升过程中凝结成厚厚的云雾，阴天居多。偶尔一个艳阳天，成都市民都呼朋引伴跑到茶座喝茶晒太阳。

四川人很早就开始饮茶。《华阳国志·巴志》记载：周朝初年武王伐纣，巴蜀两个小国前来进贡，贡单上就已经有了茶叶的记录。而茶馆后来能在成都蔚然兴盛，和一系列因素有关。"四川是个移民大省。明末清初，18个省的移民来到四川。这时候大家有很多事情商量，茶馆就成了最好的去处。"袁庭栋这样告诉我。并且老成都的井水含碱量大，味道发苦，要专门差人去城外买水成本太高，茶馆提供了日常饮用之水。茶馆的氛围还很是契合四川人古已有之的安逸精神——春秋战国时期建造的都江堰水利工程，造就了"水旱从人，不知饥馑"的天府之国。生活富足，也就能有泡茶馆的闲暇。

"当这些小贩吆喝着经过茶馆时，不想回家吃早饭的茶客便摸出几文铜钱，叫小贩把点的小吃端进来，屁股不用离开座椅，早餐便已落肚。那时成都人最常吃的早餐，无非是汤圆、醪糟蛋、锅盔、蒸糕、糍粑、油条等，出三五文便可打发肚子，小贩们担一副挑子，一端是火炉，一端是食品佐料和锅盆碗盏，简直就是一个流动厨房。"这是历史学家王笛在《显微镜下的成都》这本书中描写的1901年1月1日清晨的茶馆世界。就在前一天，一位英国传教士在山东被杀，义和团运动遍及整个华北平原，而成都人似乎还沉浸在几百年不变的悠闲光阴中。

"20世纪初的精英知识分子对泡茶馆采取批判态度，认为那是一种浪费时间、消磨意志的行为。其实是他们不了解茶馆

PHOTO by 蔡小川

在玉林片区，
居民小区中
能发现风格独特的
咖啡馆

PHOTO by 蔡小川

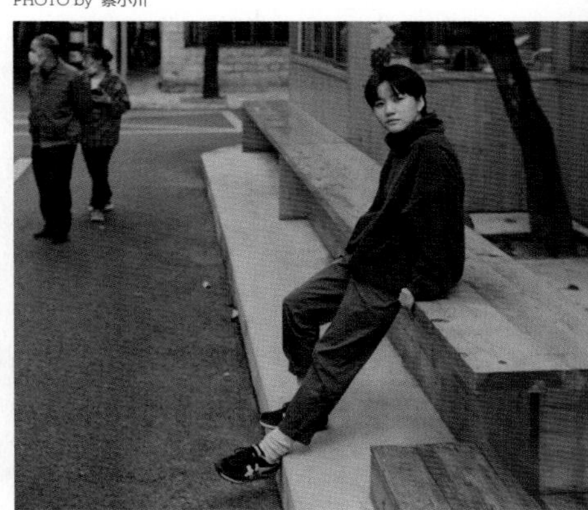

一介建筑
工作室创始人
张唐

大爷们
在棋盘上的
“厮杀”

的运行规则。茶馆不只是一个休闲空间，还是一个非常复杂的微观世界。”王笛告诉我，“茶馆是一个市场，小商小贩在那里卖东西，还有掏耳朵的、算命的；茶馆也是个谈生意的地方，做绸缎生意的、大米生意的，卖瓷器的都会和买家约在茶馆见面；袍哥这样的社会组织，他们没有自己的据点，茶馆就是他们的活动地点；茶馆还扮演着街坊邻里之间信息中心的角色，有人说那里小道消息和流言蜚语胡乱传播，但它同时有种‘舆论监督的作用’。”

成都在历史上一直是一个消费型的城市，以小商铺和手工业为主。新中国成立初期，人们戏称成都的工业是“三根半烟囱”。“新中国成立后，成都向生产型城市转变，发展大工业。但经济发展到一定程度，大家又在思考，是不是所有的城市都要千篇一律成为工业城市，城市也可以是多样化和讲求生活品质的。”改革开放后，一度几乎全部关闭的茶馆，又如雨后春笋般冒出来了。

据诗人翟永明回忆，20世纪80年代，朋友圈要聚会，是很难找到一个公共空间的。单位分给她一间18平方米的宿舍，她一个人住，算是非常大了。每天下班回去，里面都已经挤满了朋友。在酒吧还没有兴起前，茶馆就是一个很好的聚会场所。那时旁边还经常可见被称为“皮包公司”的商人，茶馆是他们的办公室，也是会客厅。

双流区彭镇观音阁茶馆在成都是如“活化石”一般的存在。游客基本只能做到早上八九点钟到场。看到这幢还是砖木结构的老屋子，从屋里蔓延到街边，黑压压地坐了百十位上了年纪

PHOTO by 蔡小川

街头
充满活力的
年轻人

PHOTO by 蔡小川

上海同济大学建筑师袁烽
设计的“竹里”

PHOTO by 蔡小川

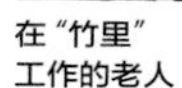

在“竹里”
工作的老人

的老茶客，已经是惊奇不已。其实观音阁茶馆几十年如一日凌晨4点开门，就为了满足喝早茶的客人。“这批客人有环卫工人，也有在市场批发蔬菜的，来这里休息一下，还要继续工作。”老板李强介绍到。接着再过来的老人，都是住在附近的。偶尔李强不在店里，还要嘱咐代班的亲戚注意不要让游客坐乱了位置，“老人家每人都有固定的位子和聊天的圈子，破坏就不好了。这里对他们来说还是个获取信息的场所，和以前没有区别”。

茶馆所在地原来是一座寺庙，民国初年变为了茶馆。新中国成立茶馆并入了供销社系统，李强的妈妈在里面工作。1995年，李强把茶馆承包下来，先将它按照记忆中的样子做了恢复。“上来取缔了麻将。老茶馆是没有麻将桌的。麻将挣钱，可变成一个打牌场所就变了味道。”有的仅仅是做了保留：煮水的地方仍然是老虎灶，地面裸露的软土地也没去管它，经过茶客们踩了那么多年，变得坑坑洼洼，自动都包浆了。2006年左右，一批摄影爱好者发现了这个被时光遗忘的宝地，纷至沓来。李强也定了规矩：游客收10块钱，本地老茶客1块钱一位的茶水费是不会变的。“有人说，1块钱还不如免费！可就这1块钱，人就会觉得有了尊严和底气，不管是谁，给了钱就能享受平等待遇。”任何人严禁给小费，不然拍照要钱，整个风气就坏掉了。

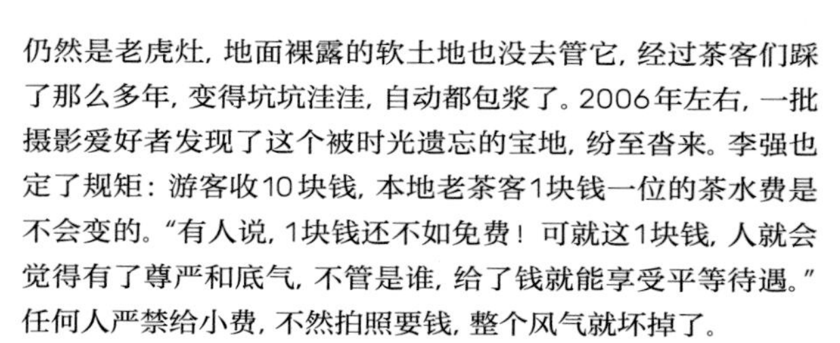

所以游客虽然来得多，但和老茶客之间也都和平相处，互不干扰。“有些老人，当你拍他的时候，会很配合地点烟。因为他们也很理解，知道如果我只为他们而开，可能就经营不下去了。”服务好老茶客，是李强坚守的立店之本。“维系一个茶馆，最重要的还是这种人与人之间的关怀。茶馆里的这些老人，相互都会牵挂。一个老人如果连着好几天都没来，大家都会担心，他是不是病了？”一个让他印象深刻的情景，是有位老人由老伴儿陪着来喝茶。老人已经连茶盅都拿不稳了，老伴儿就端起茶盅来，一勺一勺喂他。茶馆和茶客之间的关系，也应当如这对老人一般相濡以沫。

观音阁茶馆更像是面对本地一圈固定茶客的茶馆。而要问成都人平时会去的茶馆，家门口就近的之外，位于铁像寺水街的陈锦茶铺是个不错的选择。铁像寺水街是一片仿古风格的商业街区，陈锦茶铺有着室内和露天茶座两片空间，旁边还有一个戏台，要知道过去茶馆里也是有曲艺演出的。陈锦是四川摄影家协会副主席，以拍摄茶馆题材著称，也借着这间茶铺来弘扬茶馆文化。

沐浴在阳光里喝着“坝坝”茶令人极其放松，即使对第一次体验的外地人来讲，也是有点上瘾的事情。陈锦能把这种体验解析得明白：“这和竹椅也有关系。川南那边的竹椅要矮，只有靠背没有把手；川东重庆那边属于码头文化，走路爬坡上坎，船来了要去抢生意，整体生活节奏要快，茶座用的是条凳，人不会久留。只有川西成都这里，竹椅有把手，靠背倾斜角度刚好，窝在里面舒服得可以打个盹儿。”成都人自古喝绿茶，变为钟情喝花茶是在清代受到了满人饮茶习惯的影响。“喝花茶，老人称作‘啖三花’，三花是茉莉花茶的等级，后来也发展成一个花茶品牌。”北京和成都人今天都喝茉莉花茶，可在成都的茶馆里一定讲求用盖碗，并且茶水里有两朵真的茉莉花浮动。“掀开盖子漂一下花瓣的动作很优美，让人不由得沉浸其中。”

即使对成都年轻人，泡茶馆也依旧魅力不减。成都的精品咖啡馆在这两年数量爆发，丝毫没有抢夺茶馆的风头。一位朋友就和我表示，她有时会打包咖啡到露天茶座去喝。“更加惬意、舒展。被市井杂声包裹，也给自己注入了力量。”

傍晚时分，在“巷子里”这处社区空间门口坐上一会儿，就能看到一幕幕有趣的景象：小孩子拉着妈妈的手叽叽喳喳地经过，在落地玻璃前突然变安静了。原来是里面正在进行着丝网版画展览，斑斓的色彩打动了她；两对遛狗的小情侣在门口碰到互相打了招呼，狗狗们玩耍着不愿意离开，主人们便选择走到里面买上杯咖啡来聊天等待；一个提着菜兜子的嬢嬢决定在门口歇个脚，正好边上有小贩拉着一车耙耙柑走过，她站起身来挑了一些；等到街上的人都散得差不多，又有一位老大爷踱步过来坐下，从怀里掏出一只陈年烟袋，啪嗒啪嗒抽起烟来。

这样的画面每天都在上演，如同关于社区生活的一部充满温情的纪录片。每个人都生活在社区之中，但很少能关注到社区里其他居民的情况。即使是在社区中较为活跃的退休人士，交往的对象也都是和自己状况相似的人。“巷子里”则像一块磁石一般，将社区中不同年龄、性别、职业的人全部汇集到了一起，大家都在这里找到了舒适愉悦的感觉。

“巷子里”位于玉林东路社区。玉林东路社区的书记杨金惠告诉我，从2016年起，社区就在探索怎样能做到空间友好。最初的实践是做墙绘，接着又关注到社区里一些没有被好好利用过的消极空间。“巷子里”的这个位置在玉林东路居委会的背后，之前用来放自行车。共享单车普及后，就很少用到了。杨金惠计划将它发展成一个社区公共空间，向社会招募建筑规划师。她有几点想法：首先就要全龄友好，让所有人都愿意来；其次是要有个“刹一脚”的功能，这是成都话的说法，也就是能让人停下来喘口气；还有一点，须得是个积极向上、有美学设计的生活场景。“否则支上几张麻将桌，也同样能坐满。”

在设计“巷子里”之前，这个名叫一介的建筑工作室已经在其他社区做过空间改造的实验。创始人张唐平时喜欢在老旧社区里闲逛，她经常能捕捉到民间智慧对方寸空间的巧妙使用，当然也有不太合理的地方。上一个改造项目，是一个小区里快递柜旁边100平方米的空间——顶上有蓝色拱形的遮雨棚，下面有座位，但更多是保安堆放的生活用品。张唐的改造方法挺简单：她将顶棚换成更为透光的白色；地上专门有个区域画上格子，引导整齐地存放旧物；乱七八糟的水电管线全部包上白色的外皮，再一根一根排布好；墙上空空荡荡，她干脆发动小区里的孩子们一起来填色画画，画的就是小区的地图，这样快递员来了就不至于找不到楼号。空间做好后，居民们都更愿意进去待着了。尤其是夏天的晚上，顶棚垂下的一串串灯泡闪烁着微光，里面格外热闹。整个改造费用不到两万块钱，却让张唐意识到一个简易而低成本的设计就能极大地改善社区生活。

起名“巷子里”，是因为它藏在巷子深处。对于这个空间，张唐首先考虑的是它能否足够方便社区弱势群体使用。玉林东路社区有1.6万居民，老龄化现象突出，残障人士加上行动不便的老年人，能达到三四百人的数量。这里还有存在心理问题的居民。“只有对这部分人友好，才能对所有人都友好。”因此“巷子里”的入口处有方便残障人士进出的斜坡通道，咖啡吧台是可升降的，易于相互之间沟通。墙壁上装有栏杆作扶手，上面还刻有盲文引导。建筑大面积使用玻璃，里外的人都能相互看到，增加互动，也减少焦虑感。原来街边的两棵树被保留了下来，建筑外立面特地向后做了退让。婆娑的树影打下来，也让人心里变得舒缓温柔起来。过往的居民可以走进来坐下，也可以坐在外面的长椅上。长椅的尺寸刻意做得比较宽。张唐记得，“巷子里”还没正式营业时，就已经有大爷们在长椅上下棋“厮杀”了。

“巷子里”有不同的咖啡店品牌以快闪的形式来售卖咖啡茶饮，定期还有展览和主题分享。各个群体不仅在这里相遇，还会交流。养宠物的和不养宠物的，通过一次关于宠物的展览，相互了解了立场，也就减少了潜在的矛盾。以前社区活动都是中老年人更活跃，而围绕“巷子里”举办的各类创意活动，则能看到更多年轻人的身影。“一次有位老人家路上丢了钥匙，马上跑来找‘巷子里’的年轻人帮忙打电话。”杨金惠说，这是她期望看到的：并不需要在敬老日这种特别的日子里，组织青年人去慰问老人。彼此平时熟悉了，自然就会去关注对方的情况，社区的人际关系就变得很融洽。

城市化进程从增量时代过渡到存量开发，城市建造也从宏大叙事变为了微观视角。2017年，成都在全国率先成立了城乡社区发展治理委员会，将社区发展放在一个城市治理的高度来推动，成效显著。在成都，人们的社区感普遍要更强。有形的社区空间让人们在公共生活中感受到了人与人之间的联结，无形的社区文化和社区服务则进一步强化了人们对社区的认同。

另外一个下涧槽社区位于成都的老工业区成华区的二仙桥街道，社区居民基本是中车成都公司（原成都机车车辆厂）的职工及其后代。这个建于1951年的老社区在2017年做了一次全面的改造。除了拆除违章建筑、改善老化基础设施等硬件的提升，一个重要举措就是要梳理和重现机车文化的记忆。这里的社区居委会有一个小博物馆，里面陈列着居民捐出的奖杯证书、制服工帽、工作证件等老物件；走在社区里，不断可以看见机车零件改装成的绿化装置点缀在路旁，就连休憩的长椅也是由齿轮箱作为基座焊接而成。2014年，机车厂搬离了成华区，以后也不再生产机车，而是进入城轨制造领域。这些物件，寄托了老工人们对于工厂往日荣光和自己青春岁月的怀想。

“邻里月台”的空间，从建筑形式到取名，都延续了机车文化记忆，有着火车月台一般的纵深空间。它是由“爱有戏”这个致力于社区营造的NGO组织来运营的一个社区发展治理支持中心。一进门的醒目位置，摆着机车厂老照片做的明信片和老工人口述编成的文集，都是“爱有戏”协助来做的整理项目。创始人刘飞告诉我，一度社区老旧、工厂改制，居民都像散沙一样。是升级改造和记忆唤醒的做法又将居民凝聚在一起，从而才有在某些方面有特长的“能人”愿意参与到社区日常工作中来。“爱有戏”在这里开展各类活动，有的是纯粹公益性质的，有的是引进的外来服务，以少量收费来维持运营，目的是重塑整个社区生活。

社区需要怎样的服务？刘飞认为，能体现出对弱势群体的关怀是最基本的。比如“爱有戏”坚持了多年的“义仓”在这里同样能够见到。它倡导定期的、非现金的小额捐赠，包括旧物资、食品、洗化品、可以奉献的服务时间四大类，用于帮助低收入者，尤其是孤寡老人、残疾人家庭。每件义仓物资都会有捐赠收据及唯一编号，社区居民参与到物资的派发中。而对于其他不同群体，也要有针对性的活动。现在很受欢迎的有“笨爸爸工坊”——回应“丧偶式育儿”现象，让爸爸懂得如何将自己的力量发挥出来；正在进行中的还有一个艺术项目，叫作“童年秘密档案馆”，鼓励大人和孩子把童年时埋藏在心里的秘密写在留言簿上。艺术家定期会提炼出不断涌现的关键主题，像“家暴”之类，来做策展和讨论。

在这个有着和煦阳光的午后，“邻里月台”里的每个人都各得其所：买咖啡的男孩子一口气购入两杯，因为第二杯半价，他会存在那里，给之后前来光顾的任何一位残障人士；旧物展区，有人在挑选着邻居捐出来的生活物品，看看是否对自己有用；一个年轻的女孩正在对着留言簿这个树洞吐露心底的秘密。在家门口就能获得便捷，是一种可以切身感受到的幸福。

每逢周末来临，成都人都喜爱驱车前往郊野。没有人不向往田园生活，郊游的习俗在成都古已有之。游乐的风气，在唐宋时期最盛。尤其春季，城里人要结伴去近郊踏青，如果有亲戚在当地，还会住些时日。大概受到这个传统的启发，国内的第一个“农家乐”就是诞生在成都——20世纪七八十年代，成都市友爱镇农科村是远近闻名的花草苗木基地，很多人慕名前去采购。1986年，村里一位叫徐纪元的农民突然灵光一闪：为花卉购买者提供食宿服务，让他们多在周边逛逛，何乐而不为？中国第一家农家乐“徐家大院”就这样出现了，从此这种新兴的旅游与乡村振兴结合的模式，逐渐走向了全国。

居于一座公园般的城市，已经让日常的工作生活提升了品质。更难得的是，城市周边还保存有良好的生态资源，能让人有机会把都市的烦扰与喧嚣抛在脑后。

林盘是川西乡野的一种独特景观：一片片绿林耸立于田野，高大茂密的树木将其中的宅院围绕，仅依稀可见时而露出来的墙角院墙，外围又有耕地将林盘包围。和华北平原上多族聚居的村落不同，这是一种散居的模式。人们栽种的林木和果蔬为生产生活供应了原材料和农副产品，耕地就在旁边，劳作十分方便。杜甫在成都时，居住在锦官城外的草堂，他所营造的环境就契合了这样的林盘形态。他描写草堂的诗句中提到周围栽种的桃树、绵竹、桤木、松树，还写过“自锄稀菜甲，小摘为情亲”这样有关种菜摘菜的诗句。林盘的农家生活对环境友好，又很怡然自得。

来到成都周边的道明竹艺村，就能充分领略这样的林盘美景。几年之前，城里的人们来到这里仅有一个理由，就是从村子前的重庆路开过去，观赏春天的油菜花海。现在竹艺村已经成了成都郊外一个颇受人们喜爱的周末度假地，两天时间待在村子里可能仍旧觉得短暂。

依托林盘而打造的民宿首先发展起来。最为引人注目的就要数这处上海同济大学建筑师袁烽设计的“竹里”。袁烽说，他第一次来到道明，被介绍了一首陆游写这里的诗歌。那是陆游担任蜀州（今崇州）通判，造访道明的白塔禅院时留下的诗句：“竹里房栊一径深，静愔愔；乱红飞尽绿成阴，有鸣禽。”袁烽发现，一千多年过去了，自己看到的道明景色和陆游所见也没有太大区别，依旧是林盘地景，竹林丛生。“走过竹叶铺的松软地面，张大鼻孔嗅闻着略带竹香的微风，蹲下来凝视着丛生而出的清新竹笋，又不小心惊起一群飞鸟。”他将诗句的前两字“竹里”提取出来作为建筑的意象。

在这块林中空地里，袁烽以类似无限符号“∞”的两个圆形建筑最大化地将地块撑满。“∞”的符号有一种一气呵成的感觉，“是中国自古以来绘画和造园对环境最直接的回应”。灰瓦造就的屋顶，透明玻璃的外墙，中庭高耸的树木，门口保留的一块菜地……阳光洒下来时，沿着S形的小径一路走进来，会看到丰富的光影变化层次。整个建筑又仿佛消隐掉了，融化于一片绿意当中。

“竹里”的外立面用了竹编工艺做装饰，竹艺也是道明村努力发展的另一个产业。道明盛产慈竹、白夹竹、斑竹，是竹编制品的上好原料。过去生活中的各种容器，篼、篮、盘、碗、瓶、盒都是本地人劈竹划丝，编制而成的。道明村的竹艺博物馆里陈列着村中技艺能人巧手制作的产品，最让人惊异的莫过于一只鱼缸。竹篾层层叠叠地编起来，竟可以做到不漏水。

“道明村长大的孩子没有不会竹编的。从小我会跟着父母一起编工人戴的安全帽，还有新店开业用的花篮。”肖瑶这样告诉我。她本来在外面从事一份护士的工作，在书记的劝说下回乡投身到竹编手艺的转型改造中来。除了生活用品外，她之前对竹编用品没有别的想象。直到村里送她去美院研修，她看到那里的学生用竹子编出自行车，还有一把竹编“抱抱椅”，就像环抱的手臂，她这才意识到竹编的无限可能性。现在她主要从事公共空间竹编装置的制作。几天前，我在远洋太古里看到的一些像飘带一样的装置就出自其手。当时我还在好奇，这些轻柔的、飘逸在树杈之间的东西是用什么材质制作的。“慈竹的韧性和柔软度出奇地高，我也是通过作品，重新认识了一遍这些从小相伴左右的‘老朋友’。”

在道明村还可以体验一次竹艺课，吃一餐农家的粗茶淡饭，在市集上挑选农民刚刚收下来的新鲜菜蔬，在书院里听搬进来的“新村民”聊聊他们理解的乡村建设。在这个仅仅距离成都一小时车程的地方，无论视觉、听觉、触觉还是嗅觉，都可以接收到截然不同的信息。仿佛用清冽的泉水洗了把脸，整个人都焕然一新起来。同时你也会觉得很亲切。这里的竹艺装置就出现在城市的公共空间里，竹艺正和不同的品牌跨界合作，呈现在不同的时尚产品之上。

城市与乡村之间，联结如此紧密。

更好的城市，真的遥不可及吗？

张永和
非常建筑创始人、主持建筑师，
美国注册建筑师，美国建筑师协会院士

247

大家常说，现在的城市是自然发展成这个样子的，还说现在的城市虽然不理想，但是不得不如此。我想试着解开这些“神话”。

第二次世界大战以后，由于贷款的出现和汽车的普及，在城市中心外出现了一个现象：“城市蔓延”。它有三个特点，第一是低密度；第二是功能单一，即住宅；第三是依赖汽车。

城市蔓延带来的问题是多方面的。当城市郊区化之后，人与人之间的接触不再方便，人和文化生活的距离变大了。公共空间也在被摧毁，商业街、社区小广场、小公园这些近人尺度的空间被汽车尺度的宽马路所取代，仿佛都不需要了。

如何抵制城市蔓延？战后这些年，香港一直坚持“大疏大密”的策略，例如建设沙田这样的高密度卫星城。正是通过集中的高密度建设，75%以上的可建设用地被保留下来。这正是抵制城市蔓延的举措之一。

抵制城市蔓延的另一种方式是城市更新，打造街道是其中的重要环节。《上海市街道设计导则》中对街道的定义是：“街道是城市最基本的公共产品，是城市居民关系最为密切的公共活动场所，也是城市历史文化的重要公共空间载体。”

抵制蔓延还有一个方法，就是缩小街区，让城市回归人的尺度。我们在上海曾设计了一个工业园，它的典型街区模块大概是40m×40m，而现在新城里的常见街区规模大概是500m×500m起步，相差非常大。在这个工业园里有着小的街区、窄的街道，房子只有四层高，像一个微型城市，有车行道，也有步行道，还设置了供人户外休息活动的空间。

一个城市的大小、高低，城市空间的质量，都应该从人的尺度出发。我们需要对城市进行重新想象，这是对建筑师们的一个挑战。

再举一个例子。在1990年代，针对欧洲城市的街道拥堵，一家手表公司开发出了微型的汽车，长度相当于典型轿车的一半，它可以垂直地沿马路停靠，以前的一个车位就可以停下两辆车。而在中国，加长130毫米的车型总比基本车型更好卖。这130毫米意味着什么？对车内的使用者来说，可能没有太多不同的感受；但对于城市的街道压力、停车空间，会带来很大影响。所以，当我们每个人选择买车的时候，不去买加大型的汽车，对我们的城市环境而言也是一种帮助。通过我们每一个人的努力，一定可以一起建成一个更人性化城市。

?

形形色色的城市诗意何在？

西川
诗人、散文和随笔作家、翻译家

248

对于诗意的理解，写诗的人与不写诗的人可能不太一样。对于诗人来讲，多丑的地方都可能有诗意。

如果你去到拉丁美洲国家，会发现漫山遍野的贫民窟。贫民窟对于一个城市也有它的意义。印度有一位思想家叫作阿希斯·兰迪，他曾说："一个城市如果没有贫民窟，它就索然无味。"对我而言，这样的说法有些过分，我们都需要追求幸福的生活。但是我想，世界上有各种各样的城市，不同的城市也就会有不同的诗意。

诗意对我来说，是一种有再生之感的东西。有的时候残酷的东西里面有诗意，破烂的东西里面也有诗意，当然优美的东西，自然会有优美的诗意。如果不从我自身的角度来说，我想诗意可能有一个指标——所有的诗意都包含着"浪费"。在一个大的空间里，只要你敢浪费空间，就一定是有诗意的；如果你的生活富裕，可以开汽车、开游艇，那就可以是有诗意；如果你的生活没有那么急促，有大量时间可以浪费，这也是有诗意的。这些诗意里都包含着对金钱、精力、时间还有空间的浪费。

一旦开始谈论诗意，作为一个当下的中国人，我们需要首先面对的是新与旧的问题：新的建筑、老的建筑和正在拆除的建筑。《清明上河图》呈现的宋代的城市生活里，街上没有汽车，房子的建筑风格都差不多，人与人的关系是如此密切，这实际上是一种农业的诗意，一种过去的诗意。现在，我们住在新的城市里，追求的诗意是什么呢？其实是"城市山林"，这是中国人过去历史记忆留下的一种烙印。

本雅明在《发达资本主义时代的抒情诗人》这本书里谈到波德莱尔和法国社会、巴黎城市之间的关系，其中提到一个非常重要的概念——游荡。如果一个地方能让我游荡，那么这个地方一定是有诗意的。所谓可以游荡的城市，其实是一个有点藏污纳垢的城市，有点边边角角的城市。

对于我这样一个不懂城市规划和建筑的人来说，一个城市的诗意首先来自于它的文化记忆。有了文化记忆，城市就有了纵深感。一个有记忆、有灵魂、有"鬼"的城市，能够让人来发现，也能够沉浸其中。有沉浸感的城市，当然是一个有诗意的城市。

?

网红建筑，快消城市的权宜之计？

李翔宁
同济大学建筑与城市规划学院院长，建筑评论家和策展人

249

建筑的成功与否，流量是不是一个评判的标准？安迪·沃霍尔曾说，20世纪后的现代艺术和以前的艺术不一样了，画的价格变成了衡量画家是否成功的指标。虽然这不是唯一的指标，但令我们无法忽视它的力量。今天的建筑也是一样。

我总结了“网红建筑”的几个特点：第一，有适合拍照的大墙面；第二，需要有一些洞，可以提供框景视点或是特别的光线角度；第三，需要有一个大的空间，通过一种奇观式的体验，使人们从日常生活中抽离。

如今，打卡和拍照成为使用建筑的一种重要方式。一个建筑在当代的生命，不仅由真正去看过建筑的人定义，也被网络的力量左右。如果将建筑理解为一个实体的存在，那么它同时在网络上有一个再生体，或者说是替代物。从某种角度来说，这个建筑的再生体，在网络上的符号价值可能已经超过了建筑的实际使用价值。

经常有人说，严肃的建筑师不喜欢媒体，这其实并不准确，安藤忠雄本人就从来没有放弃和媒体的关系。我在杂志上看到有一位日本评论家写过，安藤是大阪人，和东京建筑圈有很大隔阂。在出名前，他每天晚上九、十点钟就会轮流给主要的建筑杂志主编打电话，希望对方发表自己的作品。他有很强的意识，知道媒体的价值，希望让自己的建筑成为“网红建筑”，只不过时代不同，媒体不同。

“网红建筑”现象引出了三个思考：大众和建筑师的关系、即时和持久的关系、虚拟和真实的关系。再举一个著名的例子，20世纪全球最重要的建筑师——柯布西耶，他其实是一个很有网红意识的建筑师。他不仅自己创办杂志，还提出各种宣言式的口号。他通过这样的方式，使得自己的作品不仅处于实践的前沿，也处于理论甚至媒体的前沿。

今天经常会有人说，网红建筑没有什么价值，也不算真正的建筑。但我们把指针拨回到20世纪初，在柯布的年代，只有柱式的古典主义、折中主义建筑才会被认为是真正的建筑。柯布西耶的钢筋混凝土房子，最初只被认为是一种新的一种潮流和时尚，但并不被当作是真正的建筑。

从这个意义上来说，当代的中国建筑师学习柯布西耶时，更应该思考的是，柯布西耶如何在生涯中应对新事物，从时尚、流行、媒体当中看到未来建筑的走向，并发展出一种新的建筑语言。

?

后疫情时代，何以建构新的公共空间？

姜宇辉
华东师范大学哲学系教授

疫情到底在什么意义上已经过去了，后疫情的这个“后”，到底讲的是什么意思？我们看很多后现代主义建筑、哲学，并不是对现代主义的超越，恰恰像是把现代主义里面那些被遗忘的、被排斥的、被边缘化的东西重新释放出来。所以当我们今天谈到后疫情的时候，我也想从这个意义上去谈论——疫情这个特殊时期，它把我们原来看不到的、遮蔽起来的、遗忘的东西唤醒并放大，它提醒我们注意那些在前行的时代，原来根本没有办法去注意到的细节、问题、矛盾和困境。

在这个时代，我觉得重新反思公共性，可能是进行哲学反思一个非常恰当的起点。谈论公共空间时，大家经常讨论的是公共性和空间本身，但在公共领域里，在那些可见的、可以穿行的物理空间之外，其实还有一个维度非常重要，那就是时间性。

曼纽尔·卡斯特尔在《网络社会的崛起》这本书里研究了网络社会各种各样的趋势和特征。在第一卷的最后，他以时间性的角度重新概括了我们置身其中的网络社会的关键本质——无时（timeless）。他认为网络社会时间性的本质就是扼杀时间。当网络扼杀了我们身上所有的物理时间、心理时间跟生命时间后，我们永远没有足够的时间来反省自己，来掌控自己的生命。

在网络社会里，时间发生了一种根本性的分裂，一面是“技术改制的时间”，时间被数字操控、算法操控；还有一面是“生命时间”，即 life cycle，被算法技术和人造时间所排斥到边缘、压制到底部。

今天，如果理性已经完全被算法化，公共荣誉已经完全被游戏化，那么我们还可以怎么样以情感的方式，以共情的方式，重新建构起一种真正符合生命时间的公共领域？我想引用苏珊·桑塔格在《关于他人的痛苦》里面的这句话：“但是，让人们扩大意识，知道我们与别人共享的世界上存在着人性邪恶的无穷苦难，这本身似乎就是一种善。”我觉得这个是今天对于公共性而言还留下的唯一契机——能够从情感的角度，从共情的角度打开一种公共场域。

“以生活为炉，苦痛为炭，而铸其解脱之鼎”，王国维先生的这句话对理解今天的公共性仍然非常有效。这也是我们从公共性各种各样的陷阱之中挣脱出来，去重建公共性的一种可能性。

？

城市的生长细节抹去后，怎么找回来？

王澍
2012年普利兹克建筑奖得主，中国美术学院建筑艺术学院院长

251

对于中国建筑师来说，从1980年代到现在，我们很幸运地看到在这么短的时间内，中国城市发生了改天换地的变化，这在整个人类历史上都很少见。这样的改变发生在中国的每一个城市，从一线城市到四线城市。但大家很少会问，这样的改变对我们而言到底意味着什么？

其实它意味着“时间性”，意味着我们在很短的时间内，把所有时间性的痕迹快速抹除。如果我们把几百上千年，几代人生活的所有痕迹都抹掉、拆掉了，这就变成了“废墟”。

从2000年开始，我经常带着学生去废墟，或是站在拆房子的现场，开始讲属于他们的第一堂建筑课。同时我们也会做很多的调查，当把这些被拆毁的东西放在一起，会发现时间是多么有意思，多么丰富。

在城市里，我觉得还有时间感的地方，是一些真实的生活空间，所谓真实性里就包含了时间性。我工作室附近的小巷就是我的老师，其中蕴含了很多诗意。在街巷中，有人把厨房直接修在了门口，有些门一打开就是街道，还有人会把家具摆在家门口，所有人都会经过，仿佛一个当代艺术家的装置。

这些与开放性、公共性相关的自发建造让我着迷。这些普通居民可能不是知识分子，不是设计师，但他们好像掌握着一种秘密的语言，他们永远比我高明，我永远可以向他们学到东西。院子里总有很多人在一起生活，那些邮箱、洗手池、花坛，都是共同生活的道具。而现在城市里几乎没有了“邻居”这个概念，共同生活也变成一个难得见到的场景。

建筑确实有它特殊的力量，我们既要相信这个力量，也要特别警惕。尤其在这个时代，建筑师是时间的杀手。

我们曾在文村做过改造项目，改造后那里的生活仿佛没有被干扰过，没有因为建筑师的介入而完全发生变化。在钱穆先生的《国史大纲》中，最后几句话令我特别有感触，他说：“面对20世纪的中国，回看中国的历史，一定要有一种温情。”他认为治病的良方就是两个字——温情。看到这样的景象，我心中就开始有那种温情。

我们特意设计了伸入河面台阶，让居民延续了沿河洗衣的习惯；我们将栏杆设计得比较宽，可以用来晒菜，这些活动都包含着时间性、劳作与平静。当看到老伯伯站在我们改造的房子前，发自内心地高兴，我就觉得做对了。

?

我们从古代城市遗迹里读到什么？

马伯庸

历史作家，茅盾新人奖、人民文学奖、朱自清散文奖得主

252

1996年，在广州北京路发现了南越国宫署遗址。南越国是秦朝将军赵佗割据岭南的政权。赵佗是河北正定人，30岁不到便被秦始皇派去攻打百越。秦朝灭亡后，赵佗自立为王，还和汉武帝通过信。他是中国唯一一个秦皇、汉武都看到过的人，活了100多岁。

我去遗址博物馆参观，观察到一些很有意思的东西，比如皇宫里的排水沟系统，每隔一段就有一个向上的斜坡。水沟特别浅，也就半米不到，人不需要用这个斜坡，那么这个斜坡到底干嘛用的？考古学家在旁边发现了大量乌龟的尸体。原来斜坡是给乌龟爬上去晒太阳的。这大概能说明当时的气候好，人们的生活状态也惬意。

皇宫遗址里还有很多水井，出土了大量竹简，这些竹简是相关政府的档案，列举了每天的水果、粮食，甚至还有KPI考核文件——今天皇上下了指标，必须要抓够50只老鼠，没抓够的话鞭笞多少下。这些竹简里没什么历史大事，却呈现出南越王宫当时真实的生活状态。

我印象最深的两片竹简记载着他们的园林档案。一片上写着胡枣树上一共长了多少颗枣，另一片也是写胡枣树。这两个文件，大多数人可能一笑而过，但是如果你对赵佗的生平有所了解，就会发现这个事儿非常有意思。盛产胡枣的地方是河北正定，而南越国靠近热带，不适合枣树生长。在这么遥远的南越国王宫里，居然有两棵来自河北的枣树。

当时人的平均寿命也就30到40岁，可想而知，到赵佗50岁以后，他的同事基本都去世了；到了60岁，他所有的朋友可能都不在世了；到了70岁，他身边都是“南二代”，即使是北方秦军的孩子，也都是土生土长的南越国人了，赵佗和他们没话说。

可以想象，赵佗一个人坐在偌大的汉室风格宫殿里，连一个和他聊过去的事情的人都没有。狐死必首丘，他想回但是回不去，只能从家乡移来枣树，聊以自娱。这就是为什么他对这些枣树这么重视，连每棵树结了多少枣子都要记录。

我一直在想，当我们看到建筑的位置、室内的布置，便可以从中寻找到它与使用者之间的关系。我们从这些枣树就可以推断赵佗可能也参与了王宫设计，他的需求和状态也会反映到建筑上。我觉得这种互动，是一个人去理解建筑最好的方式。建筑不只是建筑本身，它应该具有更丰富的内涵。

?

互联网时代，谁来判定丑陋建筑？

周榕
中国当代建筑、城镇化、公共艺术领域学者、
策展人，清华大学建筑学院副教授

253

在三联人文城市奖之前，我还担任过“中国十大丑陋建筑”奖项评选的架构共创人，我们在2010年10月左右开启了第一次评选。

当时评选丑陋建筑，是有时代背景的。这些丑陋建筑其实并不是在2010年集中出现的，可能从1990年代就已经开始“风起云涌”，但2010年是一个特别关键的年份，这一年被称为“移动互联网元年”。以往这些丑陋建筑散见于中国的各个城市和乡村，由于有了互联网的内容饥渴，有了自媒体的传播后，丑陋建筑好像突然被集中在一起，爆炸式地出现。

中国的丑陋建筑蕴藏之丰富，远远超过我们的想象，而且有一种越挖越多的感觉。从创办这个奖到现在，我连续11年、一次不落地参与了评选，从中学到了很多东西，也引发了我很多思考。

今天的建筑已经不是传统意义上物理的公共空间，它是一个虚拟和现实合二为一的、巨大的、扩展型的新公共空间。成为新公共空间之后，媒介地位飞快上升，建筑成为一个向社会传播价值观的非常重要的载体。相较于建筑本身的物理形态的美或丑，更重要的可能是预埋在其中的社会价值观。这些信息有些危害性极大，比如“贪大媚洋、崇权炫富、猎奇求怪、粗制滥造”。

我们往往对这些遍布我们身边、最常见、最普遍的丑陋建筑熟视无睹，但是看多了以后，它的价值观预嵌会潜移默化地影响我们的价值判断。

丑陋建筑背后，蕴藏着一些很深刻的问题。“象形建筑”的原罪——城市里为什么不能随意盛放“大莲花”？这样的写实不是美不美的问题，是它让我们从理性的现代空间又回到了偶然的境地里。

最后我想说，丑陋建筑的评选绝不是以娱乐大众为目的。希望大家在一笑之后，能陷入深深的思索当中。

?

公共艺术如何介入城市？

隋建国
艺术家、中央美术学院教授

254

建筑是为生命服务的。当我们讨论建筑时，是在谈论生命、建筑和城市的关系。从这个意义上来讲，公共艺术也是同样。

我50岁时，突然感觉生命所剩时间不多了。凭着对时间的敏感，我从2006年12月份开始制作一个作品，就是拿着一根1.5毫米直径的钢丝，每天蘸一下油漆。到现在这个行动已经持续将近15年，累积成了直径50厘米大的一个球，支撑的钢杆也有6厘米直径粗。我的寿命最终会决定这个作品长到多大尺寸。

我从中发现，其实决定我生命的就是时间，天地万物都受时间限制。用佛教的话说，成住坏空，都是时间在起作用。雕塑作为探讨空间广延体积的艺术，本质上也是与时间的关系。我2006年的另一个作品《大提速》，也是一个以时间为轴心的创作尝试。我调动12台摄像机，12个拍摄机位，同时开关机，来拍摄北京黑桥9公里周长的环形铁道火车大提速试验的场景。最后把12块屏幕悬于展厅，按下投影仪开关，火车就在这12块屏幕之间做每5分钟一圈的环形运动。

公共艺术和城市的相关性在于，它可以呼应这座城市的文化习性。和北京不同，上海的城市布局，除了城隍庙那个地方有一小块是正南正北，其他地方都是依照江河海岸地形走势来建设。相对于地球的南北轴线，整个上海浦江新城的总体规划的轴线向东偏了17.5度。我就在那里设计了一组名为《偏离17.5度》的公共艺术作品——建立一个与中国传统城镇相同的正南朝向的坐标系统，以相同间距树立若干铸铁方柱，形成一个与浦江新城中建筑和街道系统的朝向相差17.5度的矩阵。这些铸铁方柱的尺寸为长宽各120厘米，顶高为海拔吴淞高程620厘米，在复杂多变的生活环境中成为绝对的坐标。当然柱子的树立节奏和我的生命时间有关，每年树立起一根。

这种速度提醒着周围的居民，虽然我们的社会由于科技带动而发展速度越来越快，但是我们的肉体其实还是进化得非常缓慢，还是习惯地球环绕太阳运行形成的时间与空间坐标。这个作品植入到社区，也带动了其他艺术展览每年一度地进入社区。

?

后记

贾冬婷

记得主编李鸿谷最初提议创立一个建筑/城市奖项时，还是2019年年底。尽管作为一个大众媒体，第一重角色是客观意义上的倾听者和记录者，我们依然踌躇满志地想要探索成为主观意义上的评价者，去建构一个人文视角切入的、基于丰富性和复杂性的城市评价体系。

在那个时候，似乎一切皆有可能。记得2018年去威尼斯参加建筑双年展，主题是“自由空间”，仿佛世界是没有屏障的。2019年宣布了新一届的策展主题——“我们将如何共同生活？”则像一个预言，暗合了2020年年初爆发的新冠疫情的连绵影响。

及至2020年6月正式开启第一届三联人文城市奖的评选，世界已经在疫情的震荡中变了模样。我们确定了“重建联结”的主题，初衷是去重建人与人的联结、人与城市的联结。而在疫情后物理和心理隔离的共同处境下，重建联结变得更加困难，也更加有意义。

感谢给予我们无限信任与支持的各界人士——第一届三联人文城市奖提名人：董灏、黄居正、李迪华、李涵、李翔宁、鲁安东、马泷、童明、俞孔坚、张宇星、董功、华黎、李虎、李兴钢、刘珩、刘家琨、柳亦春、俞挺、朱锫、高艳津子、何志森、贾樟柯、姜宇辉、宋冬、苏丹、唐克扬、王昱东、吴洪亮；评审：常青、李晓江、孟建民、王辉、王建国、王澍、伍江、张杰、朱小地、庄惟敏；终审：张永和、朱青生、翟永明、马伯庸、马岩松、周榕、李鸿谷；论坛嘉宾西川、隋建国；活动共创人汪莎；设计师王英男、刘晓翔、马仕睿、朱砂；场地支持方褚云、孙莉、詹向农。特别感谢终审团主席张永和，为我们设计了富有开创性意义的奖杯；感谢架构共创人周榕老师，与我们一路同行，共同探索价值和意义；感谢成都，让人文城市落地在与它相得益彰的城市；感谢所有被提名的建筑和城市项目的主创和业主，你们是人文城市的建造者。

衷心感谢参与开创三联人文城市的同事们：李鸿谷、李伟、李菁、吴琪、曾焱、潘鸿、蔡华、宋洋、李明洁、孙一丹、孙旖旎、丘濂、袁潇雪、刘畅、蔡小川、郜超、王琛、苑达、罗启宏、李晔、刘刚、魏冠男、邢宇、王海燕、黄石、段珩、俞力莎……是你们让“重建联结”从一种模糊的希冀，变得越来越清晰可见。

本书是三联行读人文城市系列丛书的第一本。感谢世纪文景的信任与支持，以及责任编辑王萌的宝贵意见与辛苦工作。唯愿这本书成为一颗种子，推动人文城市不断生根发芽。

第一届三联人文城市奖获奖及入围项目

公共空间奖

获奖项目 西村大院
建成/启用时间 2015年3月-2017年8月
建筑师 刘家琨
业主 四川迈伦实业有限责任公司

入围项目 首钢园区改造
建成时间 2020年1月
参与主体机构 北京市城市规划设计研究院、北京首钢国际工程技术有限公司、杭州中联筑境建筑设计有限公司、清华大学建筑设计研究院、北京市建筑设计研究院、中国建筑设计研究院、清华同衡规划设计研究院有限公司等
建筑师 施卫良、薄宏涛、张利、吴晨、李兴钢、鞠鹏艳、朱育帆等
业主 首钢园

入围项目 西岸美术馆大道/徐汇滨江
建成时间 2017年12月
建筑师 柳亦春、李虎、David Chipperfield、藤本壮介、Mark Lee、妹岛和世与西泽立卫等
景观设计师 Peter Verity、李建伟、李正平等
业主 上海徐汇滨江地区综合开发建设管理委员会、上海西岸开发（集团）有限公司

入围项目 昌里园
建成时间 2020年5月
建筑师 童明、任广、郭鸿衢、杨柳新、谢超
业主 上海市浦东新区周家渡街道人民政府

入围项目 南头古城重生计划
建成时间 2017年12月
主持建筑师 孟岩
业主 深圳市南山区政府

建筑设计奖

获奖项目 连州摄影博物馆
建成时间 2017年12月
建筑师 何健翔、蒋滢
业主 连州市政府

入围项目 富春山馆
建成时间 2017年12月
建筑师 王澍、陆文宇
业主 杭州富春山馆集团有限公司

入围项目 西村大院
建成/启用时间 2015年3月-2017年8月
建筑师 刘家琨
业主 四川迈伦实业有限责任公司

入围项目 景德镇御窑博物馆
建成时间 2020年3月
建筑师 朱锫
业主 景德镇市文化广播电影电视新闻出版局、景德镇陶瓷文化旅游发展有限公司

入围项目 阳朔糖舍酒店
建成时间 2017年6月
主创建筑师 董功
主创室内设计师 琚宾
业主 阳朔新天地旅游发展有限公司

社区营造奖

获奖项目 上海社区花园系列公众参与公共空间更新实验
建成时间 2016年～
主创建筑师 刘悦来、魏闽、范浩阳等

入围项目 阿那亚社区
建成时间 2013年～
建筑师 张利、戴烈、董功、李虎、华黎、如恩设计、青山周平等
业主 北京阿那亚控股集团有限公司

入围项目 沙井古墟新生
建成时间 2019年12月
建筑师 张宇星、韩晶
业主 深圳市宝安区沙井街道办、华润置地

入围项目 菜市场美术馆
建成时间 2018年～
建筑师 何志森
参与团体 扉美术馆、华南理工大学建筑学院、农林肉菜市场、Mapping工作坊

入围项目 南头古城重生计划
建成时间 2017年12月
主持建筑师 孟岩
业主 深圳市南山区政府

生态贡献奖

获奖项目 “绿之丘”——上海杨浦滨江原烟草公司机修仓库更新改造
建成时间 2019年10月
建筑师 章明、张姿、秦曙、李雪峰、李晶晶、羊青园、陈波、孙嘉龙
业主 上海杨浦滨江投资开发有限公司

入围项目 **传统生土技术的革新与现代应用**
建成/启用时间 2012年~
建筑师 穆钧、周铁钢、蒋蔚、詹林鑫、梁增飞、崔大鹏、谭伟、张浩、顾倩倩、李强强、王帅、陆磊磊、王正阳、段文强、徐颖、彭道强、Hugo Charly Gasnier、Quentin A. R. Chansa vang、Marc Auzet、Juliette Goudy等
业主 住房和城乡建设部、无止桥慈善基金、17个省/地区住建系统以及当地村民

入围项目 **松阳故事**
建成时间 2015年~
建筑师 徐甜甜
业主 松阳县政府

入围项目 **尚村竹篷乡堂**
建成时间 2017年9月
建筑师 宋晔皓、孙菁芬、陈晓娟、解丹、褚英男、于昊惟
业主 安徽省绩溪县尚村传统村落保护发展专业合作社

入围项目 **油罐艺术中心**
建成时间 2019年3月
建筑师 李虎、黄文菁
业主 上海西岸开发（集团）有限公司、上海油罐艺术中心

城市创新奖

获奖项目 老西门棚户区城市更新
建成时间 2016年5月~
主创建筑师 曲雷、何勍
业主 常德市天源住房建筑有限公司

入围项目 **上海城市空间艺术季**
举办时间 2015年第一届、2017年第二届、2019年第三届
主办单位 上海市规划和自然资源局、上海市文化和旅游局、上海市各区人民政府

入围项目 **上海杨浦滨江南段公共空间**
建成时间 2017年12月
总设计师团队 章明、张姿、秦曙、王绪男、李雪峰、丁阔
业主 上海杨浦滨江投资开发有限公司

入围项目 **陶溪川文创街区**
建成时间 2016年10月~
建筑师 张杰
业主 景德镇陶文旅集团

入围项目 **长沙超级文和友**
建成时间 2019年9月
主创建筑师 翁东华、代拓、张翠
业主 长沙海信广场实业有限公司

入围项目 **白塔寺再生计划**
建成时间 2013年2月~
建筑师 华黎、张轲、董功、徐甜甜、朵宁、张悦、Benjamin Beller、青山周平、王辉等
业主 北京华融金盈投资发展有限公司

* 荣誉入围奖

项目 **吉首美术馆**
建成时间 2019年
参与主体机构 非常建筑
主创设计师 张永和、鲁力佳

非常建筑事务所设计的吉首美术馆，经过提名与初评程序，入围了本次三联人文城市奖的建筑设计子奖项。由于该项目主创建筑师张永和先生担任了三联人文城市奖终审评委会主席，出于评奖程序公正性的考虑，张永和先生主动提出该项目退出终审环节的评选。

为此，组委会将该项目列为“荣誉入围奖”，以尊重提名人、评委对吉首美术馆的集体认可，并向张永和先生的专业精神致敬。

第一届三联人文城市奖组织架构

组委会

主办者三联生活传媒及合作方

组委会主席	**李鸿谷**	三联生活传媒有限公司总经理,《三联生活周刊》主编
项目统筹	**李伟、李菁、吴琪、曾焱**	三联生活传媒有限公司副总经理
项目总策划	**贾冬婷**	三联生活传媒有限公司总经理助理
架构共创人	**周榕**	中国当代建筑及城市评论家,清华大学建筑学院副教授
活动共创人	**汪莎**	艺文力研究所创办人

提名人

城市、建筑及人文领域权威人士

按名字首字母顺序排列

董功	直向建筑创始人&主持建筑师,法国建筑科学院外籍院士,美国伊利诺大学杰出教授
董灏	建筑师,Crossboundaries联合创始人&合伙人,英国皇家建筑师学会会员
高艳津子	北京现代舞团艺术总监、创团舞者
何志森	Mapping Workshop发起人,扉美术馆馆长,华南理工大学建筑学院教师
华黎	迹·建筑事务所(TAO)创始人&主持建筑师,清华大学建筑学院设计导师
黄居正	《建筑学报》杂志执行主编,《建筑师》杂志原主编
贾樟柯	电影导演、制片人、作家
姜宇辉	巴黎高等师范学校硕士,复旦大学哲学博士,华东师范大学哲学系教授
李迪华	北京大学建筑与景观设计学院副教授
李涵	绘造社创始合伙人,国家一级注册建筑师
李虎	OPEN建筑事务所创始合伙人,清华大学建筑学院及中央美院特聘设计导师
李翔宁	同济大学建筑与城市规划学院院长、教授、博士生导师
李兴钢	中国建筑设计研究院总建筑师,李兴钢建筑工作室主持人,全国工程勘察设计大师
刘珩	南沙原创建筑设计工作室创始人&主持建筑师,深圳大学特聘教授
刘家琨	家琨建筑设计事务所创始人&主持建筑师
柳亦春	大舍建筑设计事务所创始合伙人&主持建筑师,同济大学建筑与城规学院客座教授
鲁安东	南京大学建筑与城市规划学院教授、博导、建筑系主任
马泷	北京市建筑设计研究院副总建筑师,中国城市设计学术委员会常务理事
宋冬	艺术家,中央美术学院、北京电影学院、广州美术学院客座教授
苏丹	清华大学美术学院教授,中国工艺美术馆副馆长,清华大学文化经济研究院副院长
唐克扬	策展人,艺术评论家,清华大学未来实验室首席研究员
童明	TM STUDIO建筑事务所主持建筑师,东南大学建筑学院教授、博士生导师
王昱东	北京歌华文化发展集团有限公司副总经理,北京国际设计周有限公司董事长
吴洪亮	北京画院院长,北京画院美术馆馆长,北京美术家协会副主席
俞孔坚	北京大学建筑与景观学院创始院长,土人设计创始人&首席设计师
俞挺	建筑师、美食家、专栏作家,Wutopia Lab联合创始人&主持建筑师
张宇星	深圳大学建筑与城市规划学院研究员,趣城工作室创始人&主持设计师
朱锫	朱锫建筑事务所创始人,中央美术学院建筑学院院长、教授,美国建筑师协会荣誉院士

评审团

建筑界权威专家
按名字首字母顺序排列

常青	中国科学院院士，同济大学建筑与城市规划学院建筑系教授、博士生导师
李晓江	中国城市规划设计研究院原院长，中国城市规划协会副会长
孟建民	中国工程院院士，深圳市建筑设计研究总院总建筑师，深圳大学特聘教授
王辉	URBANUS都市实践建筑设计事务所创始合伙人
王建国	中国工程院院士，东南大学建筑学院教授、博士生导师
王澍	2012年普利兹克建筑奖得主，中国美术学院建筑艺术学院院长
伍江	法国建筑科学院院士，同济大学原常务副校长，亚洲建筑师协会副主席
张杰	北京建筑大学建筑与城市规划学院院长，清华大学建筑学院教授，全国工程勘察设计大师
朱小地	朱小地工作室主持建筑师
庄惟敏	中国工程院院士，清华大学建筑学院教授，清华大学建筑设计研究院院长、总建筑师

终审团

建筑及文化界权威专家

张永和	非常建筑创始人&主持建筑师，美国注册建筑师，美国建筑师协会院士
朱青生	国际艺术史学会主席，北京大学历史学系教授
翟永明	作家，诗人
马伯庸	历史作家，茅盾新人奖、人民文学奖、朱自清散文奖得主
马岩松	MAD建筑事务所创始合伙人
周榕	中国当代建筑及城市评论家，清华大学建筑学院副教授
李鸿谷	三联生活传媒有限公司总经理，《三联生活周刊》主编

第三方监督

为了增强《三联生活周刊》2020年首次发起主办的建筑/城市评奖的透明度，三联生活传媒有限公司三联人文城市奖组委会聘请普华永道中天会计师事务所（特殊普通合伙）北京分所根据中国注册会计师协会发布的商定程序准则，执行了商定程序，包括：根据组委会制定的评分规则，在初评阶段，对通过组委会邮箱收集到的建筑行业评委和技术专家评委关于各个奖项下的提名项目评分结果，进行了重新计算，并与组委会各个奖项的项目排名结果进行核对；以及在终评阶段，针对初评阶段各个奖项下入围终评的项目，对在颁奖典礼现场从终评评委权威专家处收集到的各个奖项下的选票进行了独立计票，并与各个奖项的最终获奖名单进行核对。

文
景

Horizon

社科新知 文艺新潮

人的城市

贾冬婷 编著

出品人：姚映然
责任编辑：王 萌
营销编辑：高晓倩
版式设计：马仕睿
装帧设计：一千遍公司
美术编辑：安克晨

出 品：北京世纪文景文化传播有限责任公司
(北京朝阳区东土城路8号林达大厦A座4A 100013)
出版发行：上海人民出版社
印 刷：北京九天鸿程印刷有限责任公司
制 版：北京楠竹文化发展有限公司

开本：787mm × 1092mm 1/16
印张：16.5 字数：495,000
2022年9月第1版 2022年9月第1次印刷
定价：148.00元
ISBN：978-7-208-17642-3/TU · 23

图书在版编目（CIP）数据

人的城市 /贾冬婷编著. -- 上海：上海人民出版社，2022
ISBN 978-7-208-17642-3

Ⅰ. ①人… Ⅱ. ①贾… Ⅲ. ①城市规划－空间规划－研究－中国 Ⅳ. ①TU984.2

中国版本图书馆CIP数据核字（2022）第034769号

本书如有印装错误，请致电本社更换 010-52187586